독도

바다자연과 지리적 중요성

김기태

독도의 다양한 모습

동도의 전경

서도의 전경

서도를 중심으로 한 독도의 경관

독도의 여러가지 지형

동도와 서도 사이의 여러 전경

독도의 삼봉도

동도의 여러 면모와 관리시설의 모습

독도에 설치된 방파제 및 선착장의 면모

독도의 한반도 지도 형태의 지형

하늘과 바닷물 속의 독도 괭이갈매기

자연스러운 독도의 모습

독도수문장의 얼굴모습을 하고 있는 지형

독도 주민의 집

서문

『독도와 동해 연구』를 펴 낸지 십여 년 가까이 되었다. 그 동안 독도에 대한 전 국민적인 관심이 증가됨과 동시에 일본의 독도에 대한 탐욕 역시 날로 증폭되었다. 이러한 갈등 속에서 독도에 대한 연구가 어느 정도 정리되어, 독도의 자연과 일본에 관한 내용을 출간하게 되었다.

독도에 관한 한 우리나라와 일본 사이에는 수많은 외교적 마찰이 있어 왔고, 시간이 지날수록 일본은 독도에 대한 탐욕을 노출하면서 우리에게 앞이 보이지 않는 다툼의 씨앗을 던져 놓고 있다.

이러한 과정에서 실제로 주먹질이나 총성만 없다 뿐인 치열한 외교 전쟁이 펼쳐지고 있으며, 때로는 국가원수가 선두에 나서 지휘하는 전면전이나 다름없는 양상이 펼쳐지고 있다. 언제 어떻게 일촉즉발의 위기가 발생할는지 예측하기 힘들다.

일본은 한결같이 독도를 일본영토라고 주장하며 다각적으로 외교전을 펴고 있으며, 중등학교에서 독도에 대한 영토권을 가르치고 있다. 또한 자위대의 국방백서에 독도는 일본 땅이라는 규정을 반복하고 있다.

독도의 명칭 변화를 위한 일본의 국제적 로비활동 역시 치열하다. 명칭문제는 국제적으로 대단히 중요한 사안으로 세계 지도에 독도를 리앙꾸르 록스라는 명칭으로 바꾸어 놓은 다음, 차후에 다케시마 섬이라고 변경하려는 일본의 장기적인 포석임을 간파할 수 있다. 하나같이 심각하게 파고드는 전략이다.

일본이 독도 해역에서 해양자원의 개발 및 해양조사를 공식적으로 하겠다는 요구는 마치 남의 집 마당에 들어가서 그곳에 어떤 종류의 보물이 묻혀 있나, 그 양이 얼마나 되고 질이 어떠하며, 나아가서는 값으로 치면 얼마가 되는가를 조사하겠다는 것이다.

우리는 독도 연구에 기본적인 인프라 구축이 되어 있지 않았다. 따라서 정기적인 해양 실험을 하기는 역불급이었다. 어렵게 대략적이나마 4계절에 맞추어 실행한 실험을 기반으로 수문학적 파라미터에 대하여 다소 고찰할 수 있는 것은 다행이다. 이것은 일회성의 실험과 비교하면 유의성이 있지만 정기적이고 장기적 해양 실험에 비하면 취약하다. 또한 연구논문의 구성요건으로는 대단히 미흡하여 이 해역을 파악하기에는 역불급이 아닐 수 없다.

이 책은 독도의 자연 생태, 즉 해양 생태를 주로 다루고 있으나 육상생태도 일부 다루고 있다. 해양과학적 내용으로는 첫째, 독도 해역의 기상학적인 요인과 해류에 관한 것으로 해양의 환경 요인을 살펴보았고, 둘째, 독도 해역의 수온의 성격을 수문학적 기능으로 파악하려고 하였으며, 셋째, 염도의 조사를 통하여 해수의 물리적 구조를 파악하려 하였으며, 넷째, 이 해역의 영양염류와 해양 생산 구조를 조사하였으며, 다섯째, 식물 플랑크톤과 물꽃 현상 등을 살펴보았으며, 여섯째, 독도의 해중림과 어장 형성에 대한 것을 부분적이기는 하지만 다루었다. 또한 독도에 자생하는 식생과 괭이갈매기에 대하여 다루었다.

그리고 각장마다 민족의 수난기와 독도에 대한 역사적인 기록 내지는 사실을 소개하고 독도 수호의 중요성을 피력하려고 하였다. 일본과 우리나라와의 역사를 기반으로 한 근원적 해악의 일부이기도 하다.

책의 내용이 딱딱하게 여겨질 수 있는 해양과학의 내용이지만, 비교적 부드럽고 교양서적으로 읽을 수 있도록 바다에 대한 이야기를 할애하려고 하였다. 단편적이지만 역사적 흐름 속에 일제의 가혹한 탄압, 전쟁의 참화, 가난의 고통, 격변의 혁명, 사회적 혼란, 타락한 도덕, 파괴된 인성 등 반세기 이상의 배경이 깔려 있어서 시대적 변천에 따른 회고적인 면도 수록하였다.

다른 한편으로 이 책을 통하여 독도의 해양학적 연구가 얼마나 절실하게 필요한가를 느낄 수 있을 것이다. 마치 추운 겨울에 빈들에서 이삭줍기를 하듯이 부족한 연구 결과이기는 하지만 귀한 결실이 아니라고 할 수 없다. 이렇게 모여진 결과가 떡으로 만들어져서 조그만 잔치가 될 수 있고, 앞으로 연구가 활성화되었으면 하는 간절한 바람이 있다.

동해와 독도의 연구에 갖은 어려움을 견디면서 각고의 노력을 경주하였으나 지속적으로 연구할 수 있는 기반을 구축하지 못하고 소기의 연구 성과도 내지 못한 것은 애석한 일이다. 되돌아보면 삼십 여 년 전 소위 민족의 대학이라는 곳에 정착하면서 독도와 동해 연구에 대한 기회가 열릴 줄 알았다. 그러나 지성이면 감천이란 말도 수포로 돌아갔다. 그 속은 참으로 사명이 없고 대의명분이 없는 안거락업安居樂業의 요람이었다.

그 뿐만 아니라 적극적으로 낙정하석落穽下石하는 무리도 있었다. 바로 이런 무리들이 현대판 매국노가 아닌가 생각된다. 또한 입도 문제에 어려움이 가중되어 연구 활동을 위축시켰다. 이는 마치 '하늘을 보아야 별을 따지' 하는 막막함도 느끼게 했다. 이순신 장군의 전방급 신물언아사戰方急, 愼勿言我死를 떠오르게 하는 대목이기도 하다.

우리는 지금 독도에 대한 교과서적인 식견을 가져야 할 때가 되었다. 초·중·고등학교에서 독도의 자연과 역사성, 해양학적 성격과 연구의 필요성, 자연 지리적 정체성, 국제 사회의 지정학적 중요성, 우호선린으로 살아야 하는 일본과의 갈등, 미래 지향적인 우리의 자세 등에 대하여 알맞은 내용을 각급 학교의 수준에 맞도록 가르쳐야 한다. 차제에 『독도와 동해 연구』에서 다룬 역사성, 정체성,

그리고 이 책의 자연 과학적 내용이 합해지면 교재의 대강이 될 수 있겠다는 생각을 해본다.

천학비재淺學菲才하여 변변치 못한 원고를 정성껏 좋은 책으로 만들어 주신 탐구당의 홍정수 사장님에게 심심한 사의를 표하며, 편집에 각고의 노력과 애정을 쏟아 주신 김영이 씨를 비롯한 탐구당의 여러분들에게 깊이 감사드린다.

화보 독도의 자연 경관 _ 3

서문 _ 17

제1장 독도의 기후 • 25

1. 독도 해역의 기후 ········ 27
2. 독도와 명칭 ········ 35
3. 우리나라의 바다－해양의 중요성 ········ 40

제2장 독도의 해류와 일본의 교과서 해설서 • 45

1. 독도 해역의 해류 ········ 47
2. 독도와 일본의 교과서 해설서 ········ 51
3. 반도자연, 우리 민족의 우수성 ········ 54

제3장 독도 해역의 수온과 일본의 해양조사 • 59

1. 독도 해역의 수문학적 성격－수온 ········ 61
2. 일본의 해양조사와 해저자원 ········ 69
3. 독도와 샌프란시스코 협약 ········ 73

제4장 독도 해역의 염도와 일제 강점기 • 75

1. 독도 해역의 수문학적 성격－염도 ········ 77
2. 일제 강점기와 열강 속의 한국인 ········ 82
3. 진화, 인간의 극상시대 ········ 85

제5장 독도 근해의 영양염류 • 89

1. 독도 해역의 영양염류의 개요 91
2. 일본의 해양 양식 96
3. 일본의 독도에 대한 강박증 – 국제사법재판소 98

제6장 독도 해역의 식물성 플랑크톤과 해양 생산 • 101

1. 식물 플랑크톤 103
2. 독도 근해의 해양 생산 105
3. 해양과학으로 일본을 앞서고 싶은 마음 107

제7장 독도의 해중림海中林 • 111

1. 독도의 해중림과 생태계 113
2. 세계의 해중림 116
3. 센카쿠 열도의 중·일 갈등 119

제8장 독도의 식생 • 123

1. 독도의 식생 125
2. 자연이 다른 두 나라 – 왜구와 임진왜란 129
3. 민족의 수난기와 독도 134

제9장 독도의 괭이갈매기 • 137

1. 독도의 괭이갈매기 139
2. 3·1 운동 직후의 제암리 학살사건과 독도함 144
3. 바다의 약육 강식 – 대륙붕의 의미 147

제10장 독도의 경관적 중요성 • 151

1. 독도의 해양 경관은 자연의 명미－다양한 생태계 153
2. 독도의 육상 경관 159
3. 격랑과 해양학 160

제11장 독도의 지정학적 중요성 • 165

1. 독도는 군사적 요충지 167
2. 종군위안부의 고통 171
3. 망상어, 그리고 아귀와 메기 174

제12장 독도 연구는 국가 발전의 초석 • 179

1. 독도 연구는 국가발전의 초석 181
2. 독도 연구의 활성화 방안 183
3. 독도에 대한 사실과 공생 공락의 길 187

참고문헌 _ 191

에필로그 • 197

· 바다자연, 멸치와 고래 199
· 둥글게 살자 203
· 동물의 세계 205
· 아름다운 마음 207
· 수수깡 인생 208
· 에어 프랑스 210
· 객고 215

찾아보기 _ 217

제1장

독도의 기후

1. 독도 해역의 기후

2. 독도와 명칭

3. 우리나라의 바다, 해양의 중요성

1. 독도 해역의 기후

해양학에서 수문학적 요인을 조사, 연구하는 것과 더불어 일조량, 증발량, 기온, 바람, 비, 눈 같은 기후적 요인의 연구도 필요하다.

독도의 육상이 우리 영토의 자연환경인 것과 마찬가지로 독도 해역의 기상 역시 우리나라의 고유한 소유물이다. 독도에서 기상요인을 실측하여 축적할 수 있는 것은 우리나라만이 누릴 수 있는 권한이다.

독도의 상공에서 실측된 여러 가지 기상 파라미터를 기상 월보에 게재하는 것은 영유권적 의미가 있고, 해양학자뿐만 아니라 이 분야에 관심이 있는 전문가들에게 긴요한 연구 자료를 제공하는 국가적 업무이기도 하다.

이러한 것을 감안하여 이미 오래전부터 독도에 대한 기상 요인의 실측치가 기상 월보에 기재되어야 함을 관계 당국에 건의한 바 있으나, 20여년이 지나도록 개선되지 않았다. 현실적으로 독도는 수시로 뜨거운 감자로 달아오르고 있음에도 불구하고, 이러한 조처가 유보되고 있다. 다시 이 자리를 빌려 기상 월보에 독도의 실측치가 기재됨으로써 이 자료를 다양하게 활용할 수 있도록 해야 한다. 국력에 보탬이 되는 일이다.

독도는 심해에 드러난 아주 작은 땅덩어리로 동해의 영향 속에 묻혀 있다. 따라서 독도 지역은 땅의 개념보다는 바다와 하늘, 즉 대기가 바다와 서로 맞닿아 영향을 주고받는 현장이다.

이 해역의 기후 요인은 해양의 수문학적 요인에 영향을 미칠 뿐만 아니라 해양 생물학적 변화에도 커다란 영향력을 지닌다. 바람

독도의 자연 중에 한반도 지도 모습과 수문장 얼굴 지형이 동쪽으로 향해 있다.

은 수계의 각종 파라미터에 대소의 변화를 직간접으로 행사한다. 바람의 강도, 방향, 속도와 연속성은 해류를 일으키는 요인으로, 이로 인한 먹이 사슬과 어장의 형성을 통해 생태적으로 바다를 살아 움직이게 하는 근원이 된다.

기후 요인과 수문학적 요인은 불가분의 관계로, 기온은 수온에 영향을 미쳐서 수문학적 계절 변화를 초래한다. 일조량은 증발량에 영향을 미칠 뿐만 아니라 수온, 염도, 밀도, 수소이온농도, 광합성 색소량 등과 같은 수문학적, 생물학적 파라미터에 영향을 미친다. 일조시간과 빛의 강도는 식물 플랑크톤의 광합성 기능과 직결되어 있으며, 이는 해양 생물의 총량을 결정하는 요인이다.

강우량은 바다물의 염도를 희석시키는 요인으로 작용한다. 일반적으로 수표면의 염도는 심층수의 염도보다 낮으며, 수심별 바닷물의 밀도변화는 염도와 유사한 변화를 지닌다. 강우량은 이러한 여러 물리적 현상을 주도하며, 해양 생태의 변화를 유도한다.

독도는 동해의 한 가운데 위치함으로서 해양의 기압이동과 잦은 비로 인해 강우량은 많은 편이며 쾌청한 일수가 상대적으로 적어서 광합성 작용에 적지 않은 영향을 주는 환경이다.

1986년 영일만 해역(그림. 1)의 기후 요인에 대한 연구의 모노그라프는 독도의 해양 연구에 참고가 될 수 있어서 간단히 소개한다(김 등, 1988).

영일만(그림. 1)의 기상 요인의 분석은 이 해역의 해양학적 성격을 파악하는 데 기여할 뿐만 아니라 기초과학적 의의가 있다. 그림은

삼봉도 : 세 개의 산봉우리로 보여지는 아름다운 독도의 모습

포항지역의 기상청이 실측한 자료를 활용한 것으로 여러 가지 기상 파라미터 중에서(그림. 2와 3) 바람과 강우량(그림. 4)에 대한 것만 실례로 들었다.

영일만에서는 바람의 방향과 강도에 따라서 뚜렷한 지역적 특성을 보인다. 주목할 것은 영일만의 지형적 구조(그림. 1)가 장방형을 하고 있는데 북동NE쪽으로 40여도 기울어져 있고, 바람의 빈도와 강도 역시 북동NE쪽으로 아주 우세하게 불고 있다는 사실이다. 또한 북동의 바람과 맞먹는 강력한 바람은 서서남WWS쪽의 바람으로서 영일만의 구조적 형태와 바람의 방향이 완전히 일치되고 있음을 나타낸다. 이렇듯 자연환경의 위치와 기후에 따라 특성을 지니듯 해양 또한 그러하다.

바람의 강도(그림. 2)와 빈도(그림. 3)는 해양의 성격에 크게 영향을 끼쳐 해양 생태계에 밀접하게 작용한다. 다시 말해서, 바람은 용승 작용upwelling을 주도하기도 하며, 연안 해류를 발생시키기도 하고, 식물 플랑크톤의 번식과 물꽃현상을 유도하기도 하며, 어류의 이동을 이끌어 내는 원동력이 되기도 한다.

강우량(그림. 4)의 해양 생태학적 연구는 일 년 단위로 매일의 강우량을 그래프상에 표시하여 시공간적 성격을 고찰하며 다른 파라미터와의 상관성을 규명할 수 있다. 다년간의 계절적 또는 연간의 변화는 생태적 변화를 연구하는 데 좋은 지침이 된다. 다시 말해서, 해수의 염도에 영향을 미치는 강우량은 염도에 따른 해양 생물의 발생, 번식, 이동 또는 사멸 등의 원인이 될 수 있어서 해양 생태계의 변천에 영향을 미치는 것이다.

1982년 필자가 마르세이유의 자연사 박물관 학술지Bull. Mus. Hist. Nat. Marseille에 발표한 기상 요인에 대한 논문은 해양 성격을 밝히기 위한 모노그래프이다. 이 논문에서는 기후적인 계절과 수문학적인 계절에 대하여 심도 있게 논하면서 수계에 영향을 미치는 기후 요인으로서 기온, 일조량, 증발량, 바람의 강도와 방향, 강우량 등의 방대한 데이터를 분석함으로서 기후 요인이 수계에 미치는 영향을 집중적으로 논하였다(김, 1982).

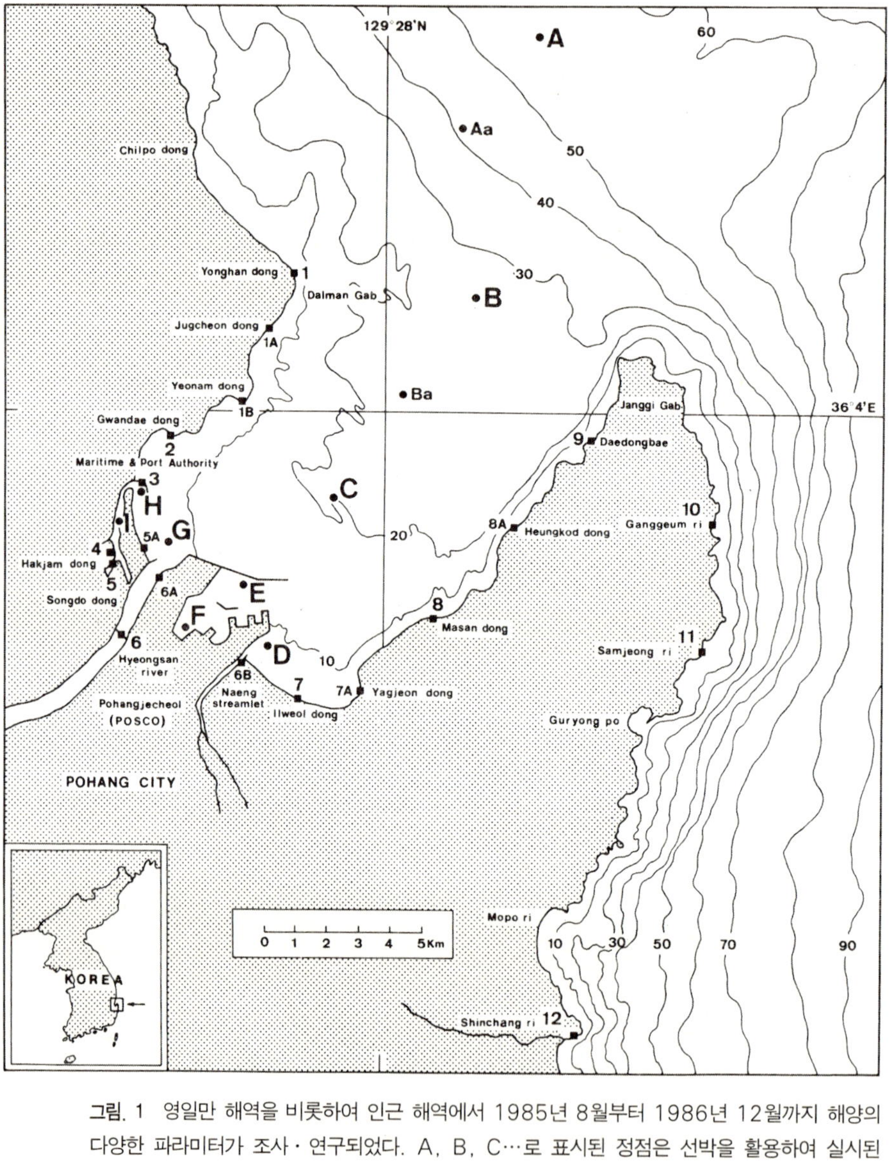

그림. 1 영일만 해역을 비롯하여 인근 해역에서 1985년 8월부터 1986년 12월까지 해양의 다양한 파라미터가 조사·연구되었다. A, B, C…로 표시된 정점은 선박을 활용하여 실시된 실험정점이며, 1, 2, 3…으로 된 표시는 해안에서 수행된 실험정점이다.

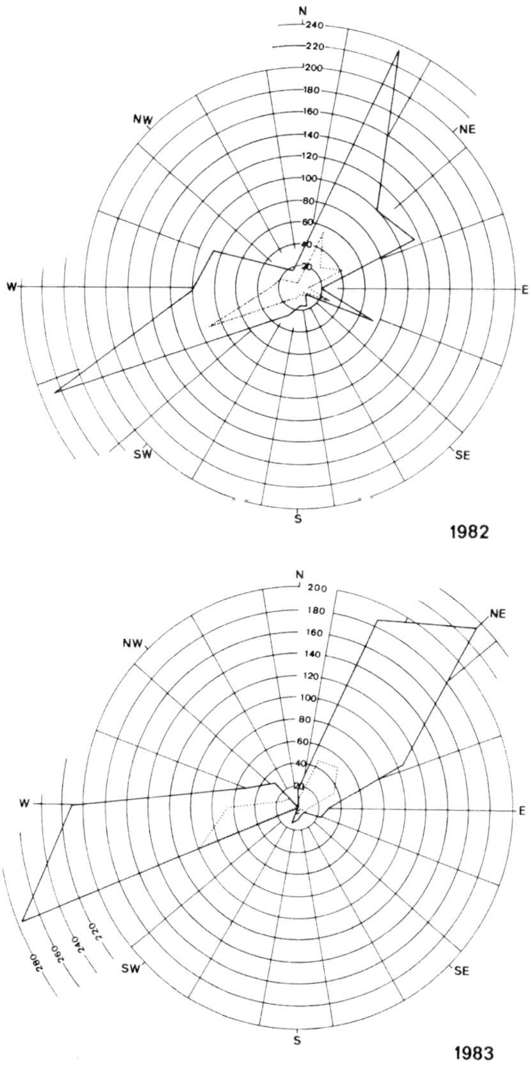

그림. 2 1982년부터 1983년 사이 포항지역에서 관측된 풍향과 풍속에 대한 기상청의 기상월보에 의거하여 작성된 것으로서 NE방향의 바람과 WWS방향의 바람이 두드러지게 강력한 위력을 나타내고 있는 것을 보이고 있다.

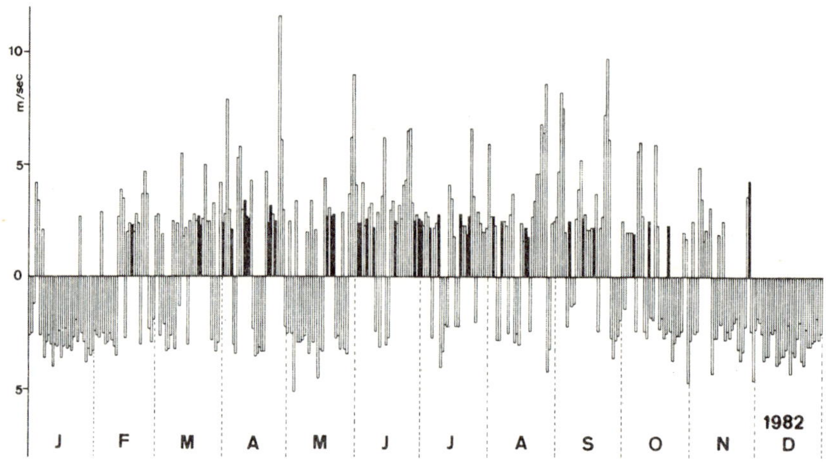

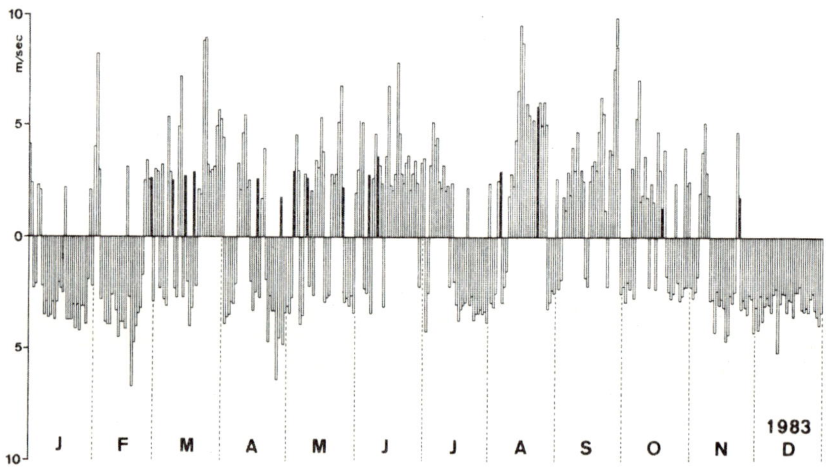

그림. 3 1982년과 1983년의 각종 바람의 크기를 일별로 나열하여 표출하고 있다. 이 해역에서 나타나는 바람의 성격과 세기가 1년 365일 매일같이 표시되어 지역적 성격뿐만 아니라 계절적 성격이 해수와 어떤 상관관계를 지니고 있는가를 연구할 수 있다.

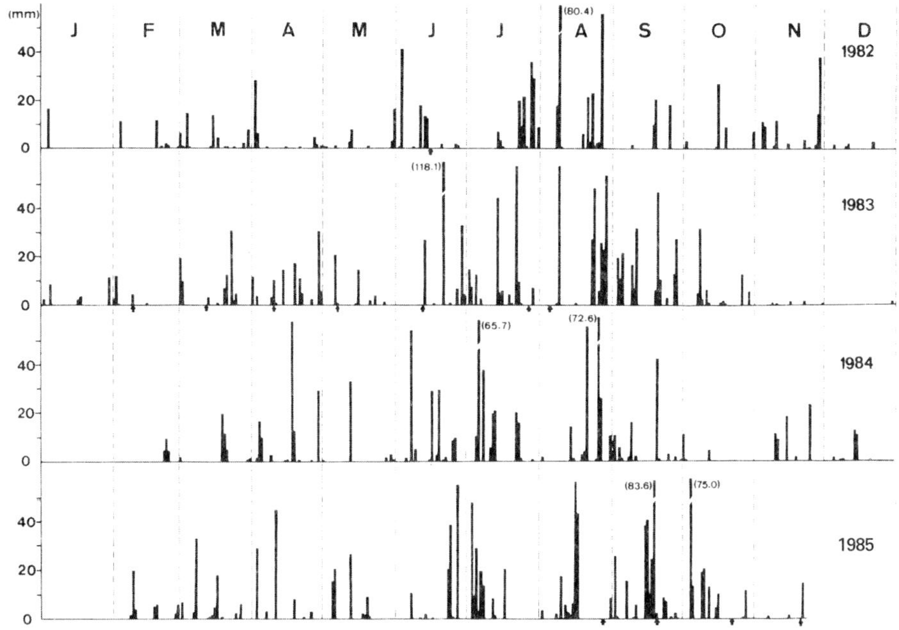

그림. 4 1982년~1985년, 포항지역에서 관측된 강우량을 그래프에 일별로 표시하였다. 이것은 우기, 건기 또는 계절적 변화를 식별할 수 있게 하며 해수의 변화 또는 영향과 어떤 관계가 있는가를 가늠하게 한다.

2. 독도와 명칭

2008년 7월 28일 미국지명위원회BGN : Board on Geographical Names가 독도를 한국령에서 주권 미지정Undesignated Soverignty의 섬으로 재분류하기로 결정했다는 보도는 우리에게 엄청난 당혹감을 불러 일으켰다. 이것은 2007년 1월 전 세계 50여 개 분쟁지역 전체를 주권 미지정으로 지정한 조치의 일환이었다.

그러나 세계적인 권위를 지닌 내셔널 지오그래피National Geography의 제8판(2004년 11월 발간)에서는 독도를 Dokdo, Takeshima, Liancourt Rocks로 표기하였으며, 부기로 독도는 남한이 관할하고 있으나 일본이 영토권을 주장Administered by South Korea; claimed by Japan하고 있다고 기술함으로서 제3자의 객관적인 표현으로 독도가 우리나라의 영토임을 나타내고 있다.

그러나 프랑스의 백과사전 2008년도 판에 독도를 Rocher Liancourt, Tok-do, Take-shima로 표현하고 있다. 그리고 영국의 브리태니커 백과사전 출판사는 Liancourt Rocks라고 표기하고 있다.

이러한 표기는 지역적인 사실을 통찰하지 못하고 합리성이 결여되어 있는 구시대적 발상의 표현으로 식민지 개척시대에 강대국들의 영토 확장을 위한 식민 정책적 발상의 유물이다. 강대국의 야욕의 잔재가 주권이 명백하고 고유한 이름이 있는 남의 나라의 섬의 이름을 자기들이 한 번 지나갔다고 멋대로 작명하고 주인노릇을 하려 드는 것은 일고의 가치도 없는 일이다. 또한 그런 이름이 저명하다는 백과사전에 실려 있다는 것은 분명한 시대착오적 오류이다.

프랑스의 고래잡이 선박 리앙쿠르호는 361여 톤에 불과한 선박으로 19세기(1849년 1월)에 시대적 흐름에 따라 일확천금의 노다지를 캐러 낯선 바다로 나가게 되었고, 멀고 먼 동해까지 진출하여 주권이 있는 섬, 독도를 보고서 자기들이 타고 다니던 배 이름을 붙였다.

이러한 의미 없는 이름이 망령으로 현세에 살아남아 국가들 사이에 분쟁의 불씨가 되었다면 현대판 코미디가 아닌가.

이것은 마치 옛날에 어느 명문 세도가의 아버지와 아들父子이 먼 지방의 명산대천을 구경나갔다가 경관이 아름다운 큰 바위에 마음이 끌려서 '아버지 아무개 바위'라고 이름을 붙이고 새겨 놓았으며, 그 밑에 있는 준수한 바위는 '아들 아무개 바위'라고 새겨 놓았다면 과연 그곳의 땅이 자기 것이 되겠는가. 세월이 아무리 흘러도 원주인의 소유에는 아무런 변화가 없는데, 옛날 내가 지나 가고 이름 지은 바위라고 소유권을 주장한다면 얼마나 우습고 황당한 일이겠

서도쪽에서 조망한 독도의 전경

는가.

2008년에 발생한 독도 명칭에 대한 해프닝은 다행스럽게 우리 정부의 신속한 고위급 외교 대응으로 미국의 부시대통령의 지시(2008.7.29)에 의하여 콘돌리자 라이스 국무장관이 주도하여, 미 지명위원회BGN가 독도표기를 주권 미지정 지역에서 한국령으로 되돌려 놓도록 논의를 하였으며, 부시대통령이 방한(2008.8.5)하기 전에 회복될 수 있도록, 우리정부가 적극적이고 신속한 노력을 경주함으로서 2008년 8월 1일 '독도는 한국 땅'으로 원상회복되었다.

불과 며칠 동안의 해프닝이었지만 우리에게는 너무나 길고 힘든

비교적 평탄해 보이는 동도의 모습

시간이었다. 이와 같은 돌발적인 사건이 언제 어디서 어떻게 발생될는지 예측하기 어려운 것이 독도에 관련된 여러 가지 사안들이다. 특히 이웃하고 있는 나라에 의하여 야기되는 숙명적인 영토권 문제를 현명하게 헤쳐 나가는 것이 필요하다.

일본이 독도를 다케시마竹島 : 죽도라고 부르면서 영토권을 주장하는 것은 그 명칭 하나만 가지고 보아도 터무니없다. 우리가 부르는 독도獨島는 옛날에 본토로부터 멀리 떨어져 외롭게 홀로 있다는 의미를 가지고 있지만, 일본이 임의적으로 붙인 竹島죽도라는 말은 대나무섬, 대나무가 많이 자라는 섬이라는 것이다. 이 자체가 역사적 사실 왜곡이며 근원적 착오이다.

독도에는 애초부터 대나무가 자생하고 있지 않았다. 일본의 시마네현의 어부가 대나무가 왕성하게 자라고 있는 울릉도의 어느 해안 계곡에서 물고기를 많이 잡아가면서 그 섬을 '죽도'라고 부르기 시작했고, 이 사실이 일본의 시마네 현 수산직원에게 전달되어 竹島죽도, 즉 다케시마라고 불리게 된 것이다. 따라서 이것은 완전하게 장소의 착각에서 비롯된 것이다.

울릉도에는 강우량이 많고 수목이 무성하다. 그래서 해안계곡으로 흘러내리는 담수량 역시 많으며 섬의 해안 계곡마다 원시림이 덮여 있으며 대나무가 울창하게 자라고 있다. 이것은 옛날에나 지금이나 큰 차이가 없는 자연환경이다. 또한 이러한 해안환경에는 물고기의 서식이 아주 좋다.

이것은 우리 조상들이 한결같이 전해주는 증언으로, 울릉도에서 대대로 살고 있는 주민들의 조상, 즉 선대로부터 전래되는 사실이다. 해안에는 대나무가 무성했고 물고기가 많아서 죽창으로 물고기를 찍어서 어획했다는 것이다. 울릉도의 이런 곳에서 어업을 해본 일본인이 그 지역에 붙인 이름이 바로 다케시마竹島 : 죽도이다.

다시 말해서, 일본인 어부는 울릉도의 어느 계곡의 해안지역을 독도로 착각을 하고, 그 곳을 '다케시마'라고 했는데 이 헛지명이 실제의 섬이름인양 둔갑한 것이다. 터무니없는 것도 계속 주장하다 보면 이런 허무맹랑한 일이 있게 마련이다. 따라서 일본이 이러한 사실로 영유권을 주장하는 것은 언어도단이며, 그것도 국제사법재판소까지 끌어들이려 하는 것은 그야말로 국제적 코미디를 연출하고 있는 것이나 다름없다.

3. 우리나라의 바다–해양의 중요성

우주는 무한광대한 공간이다. 태양계는 우주 속에서 아주 작은 공간을 차지하는 별들의 집단이다. 그 중에서도 참으로 보잘 것 없이 작은 지구는 우리에게 무한히 광활한 세상이다.

이 아름다운 지구, 반짝거리는 바다를 지니고 있는 지구는 무엇보다도 생기발랄한 생물들이 나고 지며 생활하는 낙원이다.

이 우주 속에서 원시지구가 태어났고 무한한 세월의 흐름 속에 바다가 생겨났다. 그리고 생명이 태어났으며 인류가 탄생하고 문화가 형성되었다. 무한한 시공간 속에 생성, 소멸되고 있는 자연의 이법을 과학기술이 아무리 발달되었다고 해도 소상하게 밝혀내기는 불가능하다.

1904년 라이트Wright 형제가 미국 서부에 위치하는 대서양변의 바닷가 모래사장에서 첫 비행에 성공하면서 비행기술은 일취월장 장족의 발전을 거듭하여 축지법을 실현시킨 단계에 이르렀다. 참으로 경탄스러운 일이 아닐 수 없다.

불과 100여 년 전만해도 영남의 선비들은 열흘 또는 보름의 시일을 보내며 태산준령 같은 문경 새재를 넘어 한양으로 가서 과거시험을 보았다. 그 험하고도 험한 산중 소로에서 산적을 만나면 속절없이 모든 것을 다 빼앗기거나 목숨을 잃기도 했으며, 호랑이도 만날 수 있는 위험한 여행이었다. 따라서 산적을 만나 목숨만 보존할 수 있어도 천지신명의 은덕이라고 했다.

오늘날 도로는 문경 세재를 어떻게 변모시켰는가? 이제는 북극의 자연을 관찰하고 한참 자고 일어나면 남극에 도달되는 초고속 비행시대가 되었다. 상대적으로 지구의 거리는 대단히 협소해진 것이다.

지구 환경에서 바다는 인류에게 대단히 넓고 광활하다. 태평양 하나만 보아도 우리나라 면적의 1,600배가 넘는다. 바다는 단순한 그 면적뿐이 아니라 입체적인 공간으로 수층에 따라 층층이 살고 있는 생물들은 다양함과 풍요로움을 더해준다.

지구에서 바다는 육상의 300배가 되는 생물의 생활공간을 제공하고 있으며, 10배나 많은 생체량, 즉 생물량을 지니고 있다.

우리나라의 바다자연을 보면, 삼천리 반도 강산에 펼쳐지는 해양경관은 구석구석 특색이 있고 아름답지 않은 곳이 없다.

동해는 애국가의 첫 음절을 이루고 있을 만큼 중요하다. 동해의 심해성 해양 생물은 산해진미로서 우리의 입맛 속에 자리 잡고 있다. 더욱이 한류와 난류가 만나는 좋은 어장환경으로서 다양한 물고기들이 어획되고 있다. 더불어 동쪽에 위치하는 아름다운 관동팔경과 울릉도 독도로부터 날마다 찬란한 태양이 떠오르는 장관이

화산암으로 이루어져 있는 독도의 산세를 보이고 있다.

펼쳐진다.

천혜자연을 이루고 있는 서해는 서해대로 아기자기하고 아름다운 바다를 이루고 있다. 서해안의 명미 중의 한 곳인 보령시의 대천 또는 무창포에서 모래사장과 갯벌 위를 걸어 보고 갯벌 속에 들어 있는 맛살을 캐보면 자연이 주는 신선한 맛과 활력을 느낄 수 있다. 특히 겨울 바다의 바람, 파도, 구름, 눈발, 그리고 화려한 낙조와 찬란한 일출 등 그 다양한 변화에 감탄하지 않을 수 없다.

또한 다도해의 아름다움이 펼쳐지는 남해는 생각만 해도 신명이 절로 난다. 제주도의 아름다움 뿐 아니라 한려수도 해상국립공원과 다도해 해상국립공원에서 바다와 섬들의 자연을 바라보고, 신선한 바다 공기를 들여 마셔 보라.

남해도에서는 이순신 장군이 노량해전에서 일본 전함 500척을 침몰시키고 50여척을 돌려보내면서 장렬하게 전사한 역사의 현장이 있다. 바닷물이 나가고 드는 자연의 이치를 파악하고 있다는 것이 얼마나 중요한 승전의 관건인가.

그리고 금산에서 조망하는 다도해의 자연은 얼마나 아름다운가. 또한 삼천포 대교에서 바다자연을 바라보면, 섬과 육지를 잇는 다리마다 자연 경관이 다른 연육교의 다양한 아름다움이 얼마나 근사한 명미인가.

자동차의 홍수, 숨 막히는 배기가스, 기계화된 편한 생활의 일변도와 조화를 이룰 수 있는 바다자연은 도시생활의 스트레스를 해소시키고 활력을 재충전하는 데 도움을 준다. 그것도 아주 흡족하게 생기를 불어 넣어 줄 것이다.

그리고 세계적으로 유명한 물 반, 고기 반인 이곳 어장에서 나는 넙치, 조기, 고등어, 명태, 오징어, 영덕의 대게, 미역, 다시마의 맛과 더불어 생활한다면 행복할 것이다. 우리나라의 신선한 해산물의 맛은 세계적으로 일품이며 건강식품으로 훌륭하다. 우리는 삼면이 바다인 자연환경을 만끽하면서 생활하는 축복받은 민족이다.

제2장

독도의 해류와 일본의 교과서 해설서

1. 독도 해역의 해류
2. 독도와 일본의 교과서 해설서
3. 반도자연, 우리 민족의 우수성

1. 독도 해역의 해류

독도의 헤류에 대한 연구는 해양학적, 수산학적, 나아가서는 지정학적 관점에서 기본적이고 중요한 연구과제이다. 해류는 해수의 물리, 화학, 생물학적인 각종 요인을 전반적으로 지배하고 있으며, 독도 해역의 고유한 성격을 밝히는 데 기여한다. 특히 일본이 수시로 영토권을 주장하고 있는 상태에서 독도에 대한 고유한 기초과학적 연구의 수행은 국력에 큰 도움이 될 것이다.

해수 유동은 수온, 염도, 밀도, 용존산소량, 각종 영양염류의 함유량 등과 밀접한 관계를 가지며, 해양 생태의 근간을 이루는 환경요인이다.

동해의 한가운데 위치하는 독도 해역은 난류인 쿠로시오 해류가 대마 해역을 거쳐 북상하고, 북쪽으로부터는 한류인 리만 해류가 남하하며, 두 해류가 상충함으로서 독특한 조경수역을 이룬다.

이와 같은 난류와 한류의 상충은 비옥한 해황을 만들고 어장을 형성한다. 예로써 1939년에 동해에서 어획된 정어리의 어획량은 139만 톤에 달했는데, 이것은 단일 어종으로서는 세계적인 기록으로 동해가 세계 3대 어장으로 부상되었던 요인이기도 하다.

이러한 정어리의 대량 어획은 난류와 한류가 서로 부딪치면 해수의 물리적인 현상으로 물의 무게가 가벼운 더운 물이 찬물 위에 깔리게 되고 더운 물을 따라 이동하던 어류는 찬물 덩어리에서는 견딜 수 없기 때문에 적정 수온의 물 덩어리로 몰려들면서 집약적인 어장이 형성되는 현상이다.

어류가 대량으로 이동할 때, 난류의 수층이 얇아질수록 수면에 가까이 있던 어류는 저층의 냉수를 접하는 어류 집단의 저돌적이고 필사적으로 치받아 오르는 강한 힘에 의해서 수면 위로 밀리게 된다. 따라서 수표면 쪽에 있던 물고기 떼는 들려서 수면 위로 쌓이는 기이한 현상이 연출된다.

동해에서는 이러한 현상으로 1937년부터 1939년까지 기록적인 정어리의 어획량을 보였다. 청진을 비롯한 동해안에서 대량으로 어획된 정어리는 어유fish oil를 생산하는 등 여러 가지 용도로 사용되었으며 심지어는 처치 곤란으로 비료로 사용되기도 하였다.

그러나 현재 동해의 정어리자원은 꽁치 같은 어종으로 대치되어 그 어획이 거의 없다. 그 원인은 산란 해역이 오염되어 부화에 문제가 생겼다고도 하며, 해수 온도의 변화에 따른 해양 생태계의 변화에 기인하는 것으로 사료되기도 한다.

다른 한편으로 독도 해역에서 발생하는 블루콘Blue Corn 현상에 따른 용승현상은 막대한 영양염류를 표층으로 인출시켜서 감태나 대황 같은 해조류를 폭발적으로 증식시키며, 먹이 피라미드의 형성도 이상적으로 이루어지도록 한다. 이러한 피라미드의 상층부에는 각종 어류들이 서식함으로써 좋은 어장을 이룬다.

블류콘은 쿠로시오 난류 또는 리만 한류가 막강한 힘을 가지고 밀려오는 길목에 대마도나 독도 같은 진로 방해의 섬이 있거나, 또는 해저의 해령 또는 해산의 절벽이 존재하고 있어서 해류의 진로를 방해할 때 발생되는 현상이다. 강력한 힘을 지닌 해류가 방해물과 정면충돌을 하게 되면 심한 소용돌이가 생기게 마련이고, 이때에 바다 밑바닥에 쌓여 있는 영양염류를 수층으로 떠오르게 하면서 용승현상upwelling을 발생시킨다. 이것이 바로 해양 생물을 폭발적으로 증식시키는 원동력이자 해양 생물자원의 저변이 된다.

독도의 해중림인 감태와 대황의 막대한 생산량도 이러한 용승현상으로부터 비롯되는 것이다. 이들은 해양 생물학적 의의뿐만 아니라 수산업적으로도 중요하기 때문에 해양학자들의 관심과 수문학적 연구의 대상이다. 『세계의 바다와 해양 생물』(김, 2008)에서 쿠로시오 해류의 성격을 더 찾아 볼 수 있다.

해류 연구의 한 예로서 1977~1978년에 마르세이유 해역과 인접한 에땅 드 베르Etang de Berre에서 필자가 연구한 해수 유동에 대한 예를 소개한다(그림. 5). 그림에서 보이는 바와 같이 호수의 저층에서는 지중해의 거대한 물 덩어리의 영향으로 해수가 호수 안으로 유동함으로서 물리, 화학, 생물학적 성격에 지대한 영향을 미친다.

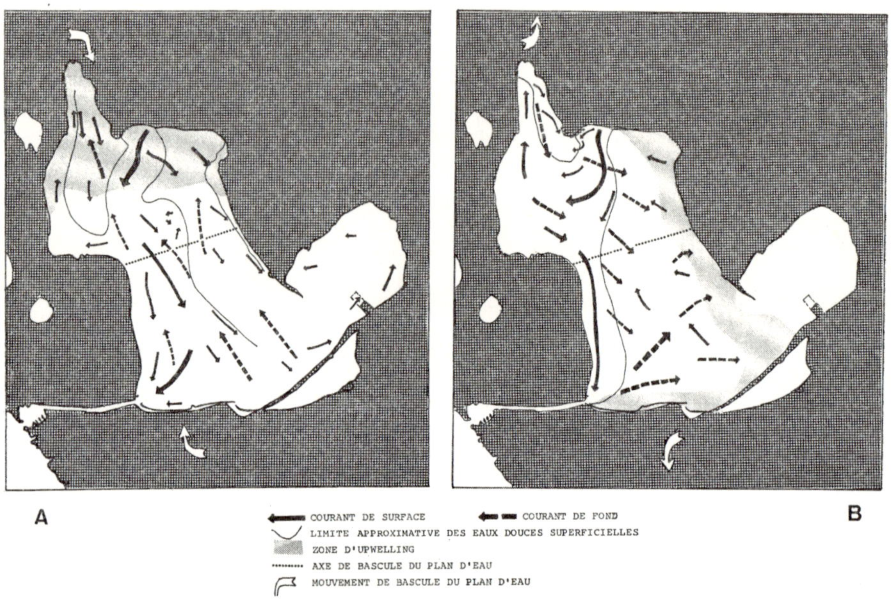

그림. 5. 해류에 대한 그림 설명. 북서 지중해의 프랑스 해안에 위치하는 약 155평방킬로미터의 에땅 드 베르호에서 연구된 저층 해류(점선으로 표시된 화살표)와 표층 해류(실선으로 표시된 화살표)의 유동을 도식화하고 있다. 이러한 해류의 유동이 에땅 드 베르호의 물리, 화학, 생물학적 성격에 지대한 영향을 미치고 있다.
그림 A인 경우에는 알프스산맥으로부터 불어오는 강력한 미스트랄 바람에 의하여 호수의 상부에 용승현상이 발생되고, 그림 B는 동풍이 강력할 때 호수의 서편 구역에 용승현상이 발생되는 것을 고찰할 수 있다. 이와 같이 바람과 해류에 의해서 해양 생태계가 변화된다.

한편 호수의 표층에서는 막대한 양의 강물이 유입됨으로서 해수와 담수가 섞이는 와중에 표층의 물 덩어리는 유동하여 지중해로 밀려나가고 있는 것을 관찰할 수 있다.

따라서 물 덩어리의 저층과 표층은 성격이 전혀 다른 환경을 이루고 있다. 이러한 환경에 있는 다양한 파라미터의 성격을 파악함은 해양학의 기본 사항이다. 연구대상으로 수문학적 데이터 분석과 함께 해류의 유동 상황을 도식화하는 것은 해양 연구의 기초 자료가 된다.

따라서 독도 연안의 고유한 연안류나 이곳 해류의 변화에 대한 모노그래프적 연구가 시공간적으로 끊임없이 이루어지는 것은 바람직하다. 독도 해역의 해류 유동은 이 해역을 경영하는 데 절대적으로 필요하다. 이것은 독도의 해양 생태계와 수산자원을 측정하는 데도 가장 기초적인 자료가 된다.

2. 독도와 일본의 교과서 해설서

2008년 7월 14일에 일본 문부성은 사회과목 교과서의 지도요령 해설서에 독도가 일본 땅이라는 영유권을 공식적으로 명기하겠다고 발표하였다. 그리고 다음날인 15일에는 적용일시는 2012년에서 2009년으로 앞당겨 시행하겠다고 하였다.

이것은 우리의 독도 주권을 훼손하는 심각한 도전이며, 이에 항의하여 권철현 주일 대사가 일시 귀국을 하고, 한승수 총리가 독도를 방문하여 일본의 부적절한 야욕을 단호하게 대처하겠다는 의지를 표명함으로써 양국 간의 갈등과 긴장의 분위기가 조성되었다.

이렇듯 일본은 우리국민의 분노를 촉발시키는 독도의 영토권을 분쟁화시키려는 근원적인 획책을 꾀하고 있으며, 우리는 일본이 끊임없이 주장하는 영유권 갈등에 많이 시달리고 있다.

이럴 때마다 영향력이 있는 인사나 정치인들은 독도를 방문하여 '독도는 우리 땅'이라고 외치는 것이 상습화되어 있다. 그러나 정치인들이 띠를 두르고 앞 다투어 독도에 가서 쇼를 하면 할수록 독도에는 메아리 소리만 맴돌다가 사라진다. 독도 문제가 터지기만 하면 연례행사처럼 관계당국은 독도에 건물을 짓고, 배를 건조하고, 부두를 구축하며, 연구를 활성화한다는 계획을 쏟아 놓았다.

독도 해역에 대한 연구비가 획기적으로 지원된다면 여러 분야의 교수들이나 전문가들이 수주하려고 노력할 것이고, 정치하는 사람 중에서 독도에 대한 탁월한 견해와 능력을 발휘한다면, 독도에 대한 중요성이 현실성 있게 활성화될 것이다. 그러나 독도라는 기치를 앞세워 국책적으로 무슨 큰일을 하려는 것은 상대국의 강한 저항이 수반되며, 그들이 함께 참여해야 효력이 있는 국제성이 결여됨으로 실효를 거두지 못할 것이 확실하다.

독도 연구로 명성을 지닌 학자를 지원하는 것도 필요하지만, 외골수적인 젊은 학자들을 지원하는 것이 중요하고, 나라에서 운영하는 국책 연구소보다는 착실하게 국제적인 연구실적을 낼 수 있는 국립이 아닌 특성화된 지방 대학의 부속 해양 연구소의 육성이 적절하다.

이런 연구소로는 독도와 지역적으로 인접성이 있는 도시에 위치하는 것이 좋으며, 일본을 포함하는 여러 나라의 전문가들이 편집자로 참여하여 학술지를 발간하는 연구소라야 한다. 이런 특성화 연구소를 꾸준히 지원하는 국책적 배려가 필수라 하겠다. 이것은 실제로 독도 연구와 해양과학을 학문적으로 우수하게 이끌어 가는 원동력이며, 독도를 국제적으로 지키는 근원적인 역할의 하나가 될 것이다.

어떻든 독도 연구에는 학문적 엘리트가 필요하다. 힘이 있는 사람은 힘을 내세우지 않으며, 정통한 사람은 자신이 정통하다고 하지 않듯이 독도에 대한 장인 기질의 해양과학자를 양성해야 한다. 다시 말해서, 인생을 걸고 매진하는 해양과학자가 국력 신장에 기여토록 하는 실효적인 대책이 필요하다.

일본의 우익들은 한국이 독도를 불법 점거하고 있어서 독도 주변 해역에 일본의 방위력을 강화해야 한다는 주장을 펴고 있다. 이것은 독도 수역에 해상 자위대를 파견하겠다는 실질적인 행동이어서 한일관계에 파장을 불러일으키는 요인이 된다. 이에 대응하여 우리 정부는 외교부에 태스크 포스를 신설하고 일본의 이러한 조처에 강력하게 대응하겠다고 발표하였다.

경제대국인 동시에 유엔의 상임안보이사국으로 발돋움하려는 노력을 경주하고 있는 일본은 이런 소인배적 행태로 우리를 경악시키고 있다. 국제 사회의 평화에 기여하겠다는 일본이 노골적으로 자국 이기주의에만 집착하고 있는 것이다.

다시 역설하지만, 독도는 우리나라 영토인데, 일본은 도대체 어떻게 하겠다는 것인지 이해할 수 없다. 그들은 전쟁이라도 일으켜 독도에서 한국인을 내쫓고 자기네 영토로 편입시키겠다는 획책인 듯한데 이는 상상도 할 수 없는 억지가 아닌가.

일본이 이러한 무리수를 표출한다 할지라도 우리는 독도에 대한 투철한 영토의식이 분명하고, 실효적 지배는 더욱 확실하게 전 세계에 선포되고 있다. 더욱이 신속한 정보체계를 갖추고 있는 현실에서 영토 확장의 획책은 무모하다는 것을 조속히 깨달아야 한다.

3. 반도자연, 우리 민족의 우수성

반만년의 유구한 역사와 함께 우리 민족은 옛날이나 지금이나 아기자기하게 정을 나누면서 때로는 미워하면서, 때로는 가슴 따뜻하게 아름다운 삼천리 금수강산에서 평화롭게 살았으며, 홍익인간의 정신으로 남을 배려하는 좋은 품성을 지닌 슬기로운 배달민족이다. 그런데 요즘같이 시끄러운 정치판과 주변의 국제정세를 보면 우리 역사 속에서 잡음이 없고 위기가 없었던 때가 있었나 하는 생각을 하게 한다.

우리 민족에 대해서 긍정적인 장점을 들어 보라고 하면 딱 맞게 열거하기는 어렵지만 여러 가지 좋은 점이 많이 있다. 그 중에서 몇 가지를 들라면 다음 같은 것이 아닐까 생각된다.

첫째, 우리 국민은 머리가 아주 명석하다. 이것은 가장 커다란 장점인 동시에 우수성이라고 하겠다. 세계 도처에서 뛰어난 능력을 발휘하고 훌륭하게 살아가는 한국인이 많이 있다. 이 중에는 우수한 과학자도 있고 우수한 경영자도 있다. 다시 말해서 우리 동포는 세계 어느 나라 어느 곳에서 살든지 대부분 상류 생활을 하며, 자신의 능력을 발휘하고 있다. 이것은 원천적으로 머리가 좋아야 가능한 일이고 유전인자가 우수해야 되는 일이다.

둘째, 우리나라에서 나는 산물은 대개 영양분이 우수하고 맛이 좋다. 자연 시리적으로 우리의 국토에서 생산되는 먹거리는 산해진미를 이루는데 이러한 산물을 먹고 사는 한국인은 무엇보다 맛의 감각이 발달되어 있다.

우리나라 동해에서 나는 명태만 해도 다른 나라의 해역, 예로 남미의 바다에서 서식하는 것보다 맛이 아주 좋다. 남해와 서해에서 나는 해산물의 맛은 진미의 성가를 지니고 있으며 좋은 영양분을 지니고 있다.

그리고 좋은 기후대를 이루고 있는 산고 수려한 산악의 토양에서 생산되는 산나물류와 여러 가지 채소류는 뛰어난 맛을 지니고 있을 뿐만 아니라 훌륭한 영양으로 건강을 지켜주는 보약이나 다름이 없다. 이러한 먹거리가 바로 우리 민족에게 명석한 두뇌를 지니게 한 듯하다.

셋째, 우리나라의 자연은 참으로 다양하며 세계적으로 보아도 아름답다. 아기자기하게 펼쳐지는 산하는 산이 높고 계곡마다 흐르는 물이 강을 이루어 아름답다. 국토는 삼면이 바다로 둘러싸인 반도로 해안선이 아름다우며 다도해가 펼쳐지는 해상 국립공원은 절경을 이룬다. 여기에서 우리는 다양한 새소리, 풀섶의 벌레소리, 갖가지 야생화, 그림 같은 풀밭과 수목 등을 보고, 듣고, 만지면서 시각, 청각, 후각, 촉각 등의 다양한 감각을 자연스럽게 발달시켜 왔다. 우리는 자연을 통해 우수한 감성과 지능을 기를 수 있는 천혜의 환경에서 살고 있다.

또한 우리 민족에게는 무엇과도 바꿀 수 없는 장점이 있다. 다정다감한 정서와 공감대의 일치, 단일 언어와 대대로 이어져 온 동일한 유전 요인의 단일 민족이라는 점과 더불어 근원적으로 깨끗하고 정의로우며 순수한 민족인 것이다.

그러나 우리는 역사적으로 외침과 분열로 통한의 고통을 받아 왔으며, 근래에 와서는 일제의 침략과 분단국으로서 평화롭고 행복하게 살아본 시기가 있었나 반추하게 한다. 오늘날과 같이 호의호식을 하며 자유자재로 살아가면서도 정쟁으로 사분오열 갈갈이 찢겨진 민심은 혼란하기만 하다. 반세기 이상 남북이 갈리고 지독한 지방색과 극단적인 인맥의 결집, 그리고 천상천하 유아독존식의 자기밖에 모르는 정치가들의 이기주의 등은 우리를 참으로 불안하게 하고 있다.

게다가 우리 민족은 굴곡의 파도가 심해, 지도층일수록 비리에 물들어 있고 부정부패에 만연되어 헤어나지 못하고 있다. 지도층의

풍화작용이 덜 되어 보이는 험악한 암벽의 독도 면모

사람들이 더욱 그런 성향이 있다. 법이 없고, 질서가 없으며, 장유유서의 순서가 없으며, 오로지 잔머리를 굴려 무사안일함과 적당 일변도의 타성 속에서 권력과 밀착하거나 패거리를 만들면서, 못하는 짓이 없을 만큼 악폐를 끼치고 있다. 특히 두뇌집단인 정치, 경제, 사회, 문화, 대학 사회에 이런 성향이 심하다. 애국자가 누구인지, 선한 사람이 누구인지 분간하기 힘들다. 빛 좋은 개살구라는 옛말이 생각되는 현실이다.

우리나라의 지도계층은 무엇보다도 수사에 능하여 갖은 미사여구와 교언영색, 인신공격과 말 바꾸기, 갖은 험담과 헐뜯기 등으로 그 내면의 선악을 구별하기 어렵다. 그들 중에는 나라의 이름 또는 국민의 이름을 내세우거나 애국이라는 명목으로 사람들을 혼란하게 하고 중요한 일들을 슬쩍 속여 넘기려는 사기꾼 기질의 악한들이 많다. 따라서 무엇보다도 선악을 구별할 수 있는 국민의 지혜가 필요한 시점이다.

제3장

독도 해역의 수온과 일본의 해양조사

1. 독도 해역의 수문학적 성격－수온
2. 일본의 해양조사와 해저자원
3. 독도와 샌프란시스코 협약

1. 독도 해역의 수문학적 성격 – 수온

수문학水文學 : Hydrology이란 해수, 담수, 기수 등 어떤 물 덩어리는 그 물 덩어리 자체가 가지는 이화학적 성격, 즉 물리적 화학적 성격을 체계적으로 연구하는 학문이다. 다시 말해, 수문학은 물 덩어리의 수온, 염도, 밀도, 용존산소량, 수소이온농도, 세스톤 등과 같은 다양한 파라미터에 대한 조사와 연구를 통하여 수괴의 성격을 밝혀내는 학문이다. 독도 해역의 수문학적 연구는 극히 빈약하여 정기적 해양조사가 시행되어야 한다.

대기의 기온과 바닷물의 수온은 서로 접촉하고 있는 불가분의 관계이지만 서로 다른 영역이다. 바닷물의 이화학적 성격은 수문학적 계절에 따라 변화하는데, 이 수문학적 계절은 대기의 기후적 계절과는 합치되지 않고 일정한 시차를 두면서 변화하는 성향을 보인다.

기압의 변동에 따른 기온 변화는 속도도 빠르고 변화의 폭도 큰 반면, 물 덩어리에 대한 수온의 변화는 느리게 진행되며 변화의 폭도 적다. 해수는 기후의 영향을 받아 변화하며, 이 변화는 수문학적 계절의 변화를 이끌어 내고, 나아가서는 해양 생태계를 변화시키는 것이다.

독도 해역의 수문학적 조사가 1999년의 봄, 여름, 가을에 해당되는 6월, 8월, 11월에 수행되었으나, 수문학적 겨울인 1~3월 사이에는 풍랑이 심하여 실험을 수행치 못하였다.

독도 해역의 3개 실험정점(그림. 6)은 동도의 북서쪽 연안, 서도의 남동쪽 연안, 동도와 서도의 중앙 수역으로 정하였다. 이곳에서 수온, 염도, 용존산소량, 수소이온농도 및 각종 영양염류에 대하여 조사・연구하였다.

이 3개의 실험정점은 동도와 서도의 중앙부위를 경유하는 서북과 남동의 방향을 직선상에 배치함으로서 독도의 해수성격을 유의성 있게 조사할 수 있는 수역이다. 수온에 대한 결과를 논하면 다음과 같다.

수문학적으로 늦은 봄에 해당되는 6월의 수온은 표층에서 수심 10m까지는 21℃ 정도이고 수심 30m에서는 19.5℃, 수심 50m에서는 18℃ 전후를 나타내고 있다. 수심에 따라 수온이 어느 정도 일정하게 낮아지고 있는 성향을 보이고 있다. 이것은 수온의 수직적 변화를 보이는 것으로 수심이 깊어질수록 기온의 영향이 적어지고, 일정수준의 수심에서는 기온의 영향이 아주 적으며, 깊은 수심에서는 기온의 영향이 전혀 없으면서 수괴의 수온은 물리적 성격의

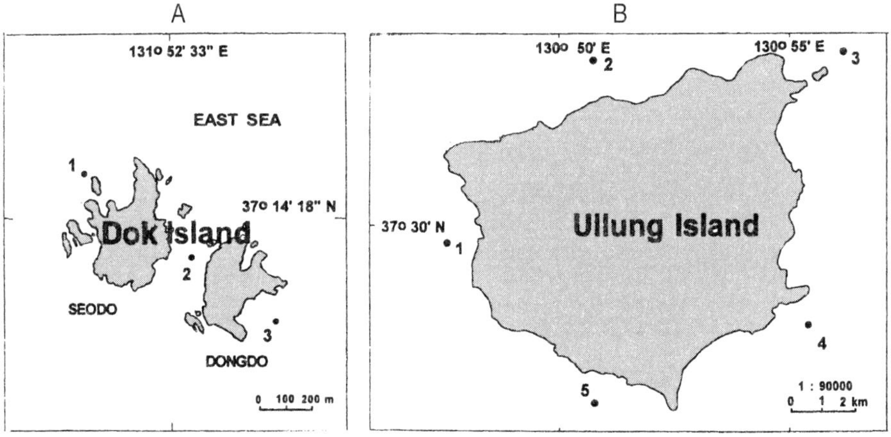

그림. 6 독도의 연안 해역에서 수행한 수문학적, 생물학적 3개의 실험정점(A)과 울릉도의 연안 해역에서 동일한 실험방법으로 수행한 5개의 실헙전전(B)

하나로 표현될 뿐이다.

수문학적 여름인 8월의 경우에는 표층에서 수심 10m까지는 26℃ 정도로 상당히 높은 수온을 보이고 있다. 그러나 수심 50m의 경우 약 22℃로서 표층의 수온과는 다소 차이를 보이고 있다. 봄철의 수온과는 상당한 차이를 나타내고 있으며, 수온이 상당히 상승되어 있음을 알 수 있다. 기온의 영향이 수온에 상당히 미치고 있지만 그렇다고 그 영향력이 절대적으로 크다고는 볼 수 없다.

수문학적 가을인 11월에는 수표면에서 수심 10m까지 균일하게 20℃에 가까운 수온을 나타내고 있다. 수온의 수직적 분포는 전반적으로 변화가 별로 나타나지 않았다. 실제적으로 재미있는 현상으로서 기온이 강하되어 추워지고 있을 때 수표면의 수온은 즉시

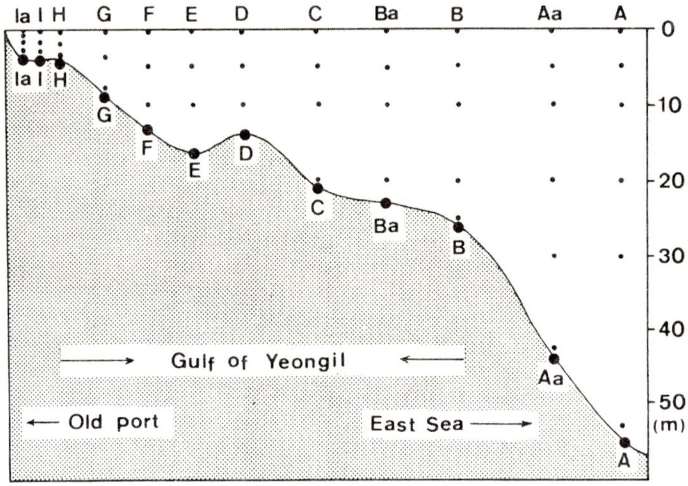

그림. 7 영일만의 실험정점과 조사 연구된 수심이 점으로 표시되고 있다. 구항의 얕은 수심의 바다와 영일만 외해의 깊은 바다에 이르기까지 조밀하고 균형 잡힌 조사가 수행되었음이 표시되어 있다.

영향을 받으나 수심이 깊은 30m에서부터는 기온의 영향이 없다는 것을 보이고 있다.

독도의 수문학적 겨울에 대한 직접적인 수온 측정 자료는 수행되지 못하여 인접 해역인 울릉도 근해의 수문학적 겨울에 가까운 5월의 측정치로부터 수온의 성향을 추론해 보기로 한다. 울릉도 연안의 5개 정점(그림. 6)에서 실측한 값에 따르면 표층수에서 30m 수심까지는 15℃ 전후이고 수심별 수온의 차이는 거의 나타나지 않았다. 최대치는 표층에서 16℃에 근접하고 있고 제일 낮은 수온은 수심 30m에서 14℃에 근접하고 있다. 이것은 수심 0~30m 사이에 수온약층대가 전혀 형성되지 않고 있음을 보이고 있다.

이와 같은 사실로 보아서 독도 해역의 5월의 수온은 해류의 영향을 직접적으로 받고 있으며 기온에 따라 서로 영향을 주고받기도 하지만 수심 깊이까지는 영향력을 미치지 않는다고 하겠다.

독도 해역에서는 수문학적 계절에 따른 수온의 변화가 수표면에서 아주 뚜렷하게 나타나는 반면, 수심이 깊은 곳에서는 이 해역의 고유 해류, 즉 난류 또는 한류의 영향에 따라서 수온의 변화는 물론 모든 이차적인 변화가 이루어지고 있다. 이러한 현상은 생물학적 여러 요인과 직결되고 있다. 해양 생물은 수온에 따라 이동하며 먹이 또는 영양염류에 의존하여 번식하면서 생활한다. 수산자원인 어류도 이러한 계절적 변화에 따라서 종이 바뀌면서 출·몰하며 수산자원으로 활용되는 것이다.

독도 연안 수역에서 봄, 여름, 가을, 3계절에 걸쳐 계절마다 1회씩 조사해서 얻어진 41개의 실측 자료만으로는 이 해역의 수문학적 성격을 논하기에 부족하다. 이러한 기초 자료의 수립을 위해서는 인프라 구축을 통한 모노그래프적 해양 연구가 필요하다.

영일만의 해양학적 조사(그림. 7)의 일환으로 수온에 대한 논문(김 등, 1988)은 1985년 6월부터 1986년 12월까지 15개월 동안 영일만 수역뿐만 아니라 인접한 외해와 이웃하는 연안에 이르기까지 비교적 상세하게 조사되어 수문학적 성격을 논하고 있다.

수문학적 계절인, 겨울3월, 봄6월, 여름9월, 가을12월의 수온 분포(그

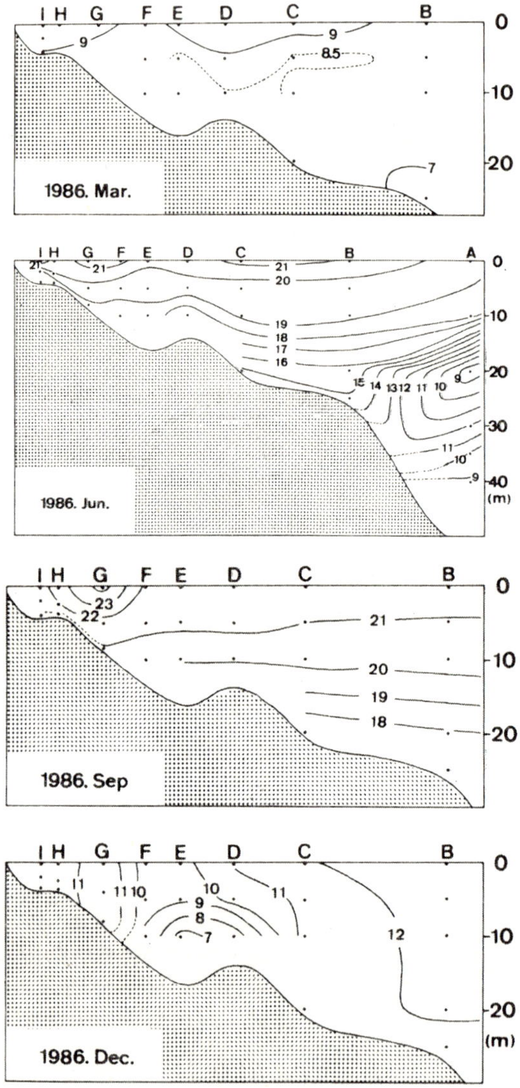

그림. 8 영일만의 물 덩어리(수괴)를 단면으로 도해한 수온의 분포도. 수문학적 계절, 겨울(3월), 봄(6월), 여름(9월), 가을(12월)의 수온의 변화도

림. 8)를 고찰해 보면 계절적 성향을 뚜렷하게 잘 드러내고 있다.

수문학적 겨울인 3월의 수온은 전 해역이 10℃ 미만이고 수심 20m만 되어도 7℃ 이하로 떨어지는 냉수역을 이루고 있다. 이러한 냉수역의 형성은 무엇보다 한대성 해류의 영향으로 사료된다.

수문학적으로 봄인 6월의 수온에서는, 표층 수역은 이미 20℃ 이상으로 높으며, 수심 10m~40m에서는 수온약층대가 뚜렷하게 형성되어 있다. 그러나 수심 40m 이하에서는 9℃에 불과한 냉수대를 보이고 있다. 이것은 해양학적으로 대단히 큰 수온차를 보이는 것이며 생태학적으로도 커다란 유의성을 나타내고 있다.

수문학적으로 여름에 해당하는 9월의 수온 분포를 보면, 전 표층의 수온은 21℃ 이상이며, 일부 표층에서는 24℃ 이상의 높은 수온을 보인다. 수심 20m에서도 18℃나 되는 온수대를 형성하고 있다.

수문학적으로 가을인 12월의 수온 분포에서는 수온이 급속하게 떨어져 표층의 수온이 10℃~11℃에 불과하나, 수심이 다소 깊은 원양 쪽에서는 20m까지도 12℃ 이상 되어 기온의 영향이 상대적으로 적음을 나타내고 있다.

그림. 9의 수문학적 17개월의 수온 분포는 아주 뚜렷한 계절적 차이를 나타내고 있다. 이것이 바로 해양 생태학적 변화를 이끌어내는 요인으로서 생물학적 서식환경이 계절에 따라 변천되는 것이다.

다른 예로는 학술지 『떼띠스Tethys』에 발표된 수온에 대한 모노그래프 논문(Kim, 1982)에서는 1976년 12월부터 1978년 12월까지 실측기간 25개월 동안 유의성을 부여한 실험정점에서 수평과 수직의

Kim et *al.*: Water temperature in the Gulf of Yeong-il 89

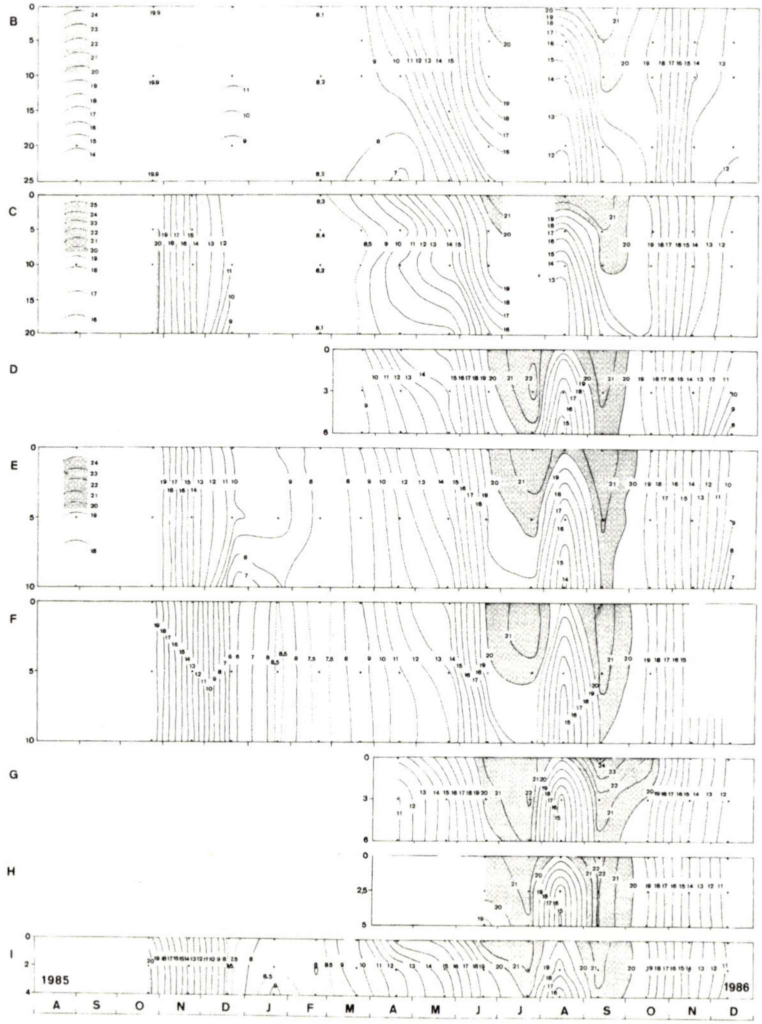

Fig. 2. Annual variation of temperature at stations B-I from August 1985 to December 1986.

그림. 9 1985년 8월부터 1986년 12월까지 영일만 수역에서 조사된 수온. 영일만의 구항과 만내의 여러 실험정점에서는 정기적으로 조사되었으나 영일만을 벗어난 외해의 조사는 바람과 파도의 영향을 받아서 선박의 출항이 여의치 못하여, 많은 경우에 실험이 중단되었음을 보이고 있다.

수역에서 풍부한 데이터를 확보함으로써, 수온의 수평분포와 수직분포는 물론 계절적인 변화를 상세하게 논할 수 있었다(그림. 10).

2. 일본의 해양조사와 해저자원

독도는 심해인 동해의 한가운데 위치하며 깨끗한 바닷물 속에 함몰되어 있는 해령의 정상부분이 노출되어 드러난 바위섬이다. 이 해역은 사람의 왕래가 비교적 적고 오염물질이 유입되지 않아 청정해역을 이룬다. 이 해역에서는 바닷물 자체가 자원으로 이곳의 심층해수는 질적으로 중요한 의미를 가지고 있다.

바닷물에는 수많은 물질이 함유되어 있는데, 종류로는 사람의 혈액에 들어 있는 원소와 같고 양적으로는 비슷한 비율을 하고 있어서 진화론적으로 유연성을 지니고 있다.

심층해수에는 인체에 유용한 미량 원소가 다량 들어 있음으로 건강에 좋은 영향력이 있다. 그러나 심층해수를 개발하려면 우선 대상 해역의 물 덩어리에 대한 각종 물리 화학적 성격을 정밀하게 분석하는 과정이 필수적이다.

수문학적으로 다양한 파라미터는 해양자원과 직·간접적인 관계를 가지고 있다. 수온과 염도는 물 덩어리의 무게를 결정하여 해양의 중요한 성격을 나타내며, 해수의 용존 산소량과 용존 탄산가스량은 제1차 해양 생산과 관계가 있어 수산과 직결되고 있다.

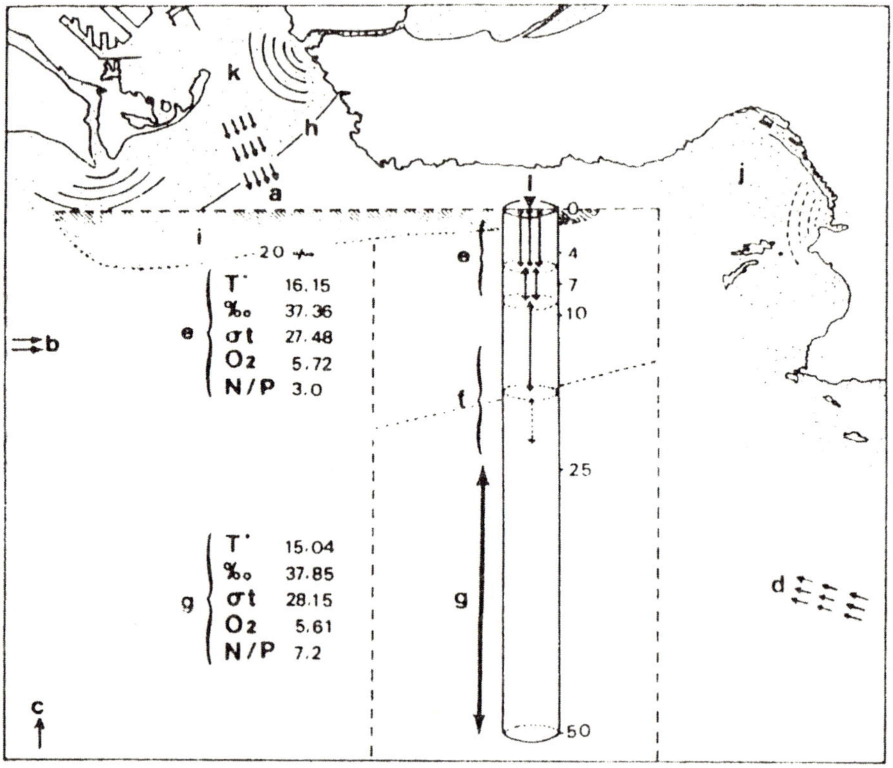

그림. 10 북서 지중해에 위치하는 까리 르 루에 해역에서 1977-1978년 동안 0, 4, 7, 10, 25, 50m의 수층별로 해양학적 다양한 파라미터를 연구하였다. 바닷물의 수심 50m까지 물기둥을 세워서 물 덩어리의 성격을 수심별로 분석한 결과 상층은 바람과 같은 기후 요인에 영향을 직접 받고 있었으며, 수심 10m 이하에서는 지중해 고유의 해양성격을 유지하고 있었다. 그림 속에서 a, b, c, d는 바람의 양과 방향을 표시하고 e, f, g는 50m의 물기둥에서 바닷물의 상·중·하층을 나눈 것이며 h, l, j, k는 인접해역의 성격을 표시한 것이다.

또한 다양한 용존 원소들은 함유량과 용도에 따라 유의성을 지닌다.

일본은 심층해수의 개발을 선도해 왔으며, 우리나라에서도 심층해수를 상당히 중요한 자원으로 여기고 있는 현실이다. 일본은 2000년 이후에 독도인근 해역에서 여러 차례 수온, 염도, 용존 산소량, 영양염류 등의 수문학적 파라미터를 조사한 것으로 알려지고 있다. 자세한 내용은 알 수 없지만 정기적인 해양조사를 실시하여 데이터를 가지고 있다는 것은 대단히 중요한 사안이다.

2008년에도 일본은 해저자원 개발을 유의성 있는 전 해역의 영토내에서 추진하기로 결정했다. 그 가운데는 독도인근 해역도 포함되어 있다. 이 해역에는 막대한 에너지원인 메탄 하이드레이트가 6억톤 정도 매장되어 있다. 우리나라에서 30여 년간 사용할 수 있는 에너지양이라고 한다.

메탄 하이드레이트는 메탄이 주성분인 천연가스가 물 분자와 함께 얼어있는 결정체로 성질은 차갑지만 가연성이 강하다. 극지방, 알래스카, 시베리아 등의 동토대나 수심 500m이상의 해저에 대량으로 매장되어 있는 에너지원이다.

인류는 지금까지 주 에너지원으로 목재, 석탄, 석유를 사용해 왔으나, 미래의 에너지자원으로는 이러한 천연가스가 주종을 이룰 것이다. 천연가스는 석유나 석탄에 비하여 탄소비율이 작아서 이산화탄소CO_2의 배출량이 적음으로 지구 온난화 현상에 영향을 적게 미치는 청정에너지자원이다.

현재 인류가 봉착하고 있는 핵심적인 난제들은 에너지 고갈, 환경파괴, 인구과잉, 테러와 전쟁 같은 것들이다. 이중에도 가장 심각한 것은 에너지 쟁탈전이다. 나라마다 자국의 이기주의에 몰입하고 있어서 에너지원의 확보는 국력의 과시인 동시에 국가 동력이다.

그리고 환경문제로서 지구 온난화 현상은 지구촌의 심각한 재앙으로 나타나고 있는데 이것은 바로 바다와 직결된 문제이기도 하다. 결국 바다는 잘 사느냐 못 사느냐의 문제가 아니고, 인류가 생존을 계속할 수 있느냐 없느냐의 치명적인 요인으로 등장하고 있다.

일본은 독도 해역에 메탄 하이드레이트가 대량 매장되어 있기 때문에 자원 확보의 차원에서 독도에 집착하는 면도 있어 보인다. 다른 한편으로 일본은 독도가 한국 영토임을 알면서도 밑져야 본전이라는 생각으로 떼를 쓰고 있는 것이 아닌가도 생각된다.

또한 일본이 독도에 집착하는 이유는 독도를 양보하면 러시아가 차지하고 있는 에토로프 섬을 비롯한 북방의 4개의 섬들을 되찾지 못할 것이라는 우려가 있으며, 다른 한편으로는 중국과는 센카쿠 제도에 대한 영유권 문제에도 커다란 영향을 받을 것이기 때문이다.

과학기술이 발달된 일본은 이러한 것을 어느 나라보다도 더욱 절실히 받아들이고 있으며 그러한 문제를 해결하려고 앞서 나가고 있다. 그렇다고 해서 선린우호의 기본적인 인간성을 저버리고 해양자원이나 영토권을 침탈하려는 것은 근본적으로 문제가 있다. 다 같이 공생 공락하고 평화롭게 사는 보편타당한 인성이 중요하다.

3. 독도와 샌프란시스코 협약

1951년 샌프란시스코에서 제2차 대전 승전국인 미국은 패전국인 일본과 전후 처리를 위한 조약을 체결하게 된다. 이 조약의 내용은 일본은 한국의 독립을 인정하고 제주도, 거문도 및 울릉도를 비롯한 한국에 대한 모든 권리와 소유권 및 청구권을 포기한다는 것이었다.

이 조약에는 독도와 대마도가 명시되지 않았는데, 독도는 1차 협상 문안 중에는 포함되어 있었으나 일본의 끈질긴 로비활동으로 인하여 조약의 최종문안에서 빠진 것이다. 애석하게도 우리나라가 조약에 참여할 수 없는 상황이었고, 당시 미국은 독도가 오늘날 같이 한·일간의 커다란 갈등의 불씨가 될 줄은 모르고 하찮은 무인도라고 간과했던 것 같다.

대한민국 정부가 1948년 8월 15일에 수립되면서 이승만 대통령은 일본에 대해서 대마도 반환을 요구했고 나아가서는 1952년 1월 18일에는 평화선, 소위 이승만 라인을 선포하면서 독도를 포함한 해양주권을 전 세계에 선포하였다. 뿐만 아니라 1954년 8월 10일에는 독도 등대의 점화식을 거행하여 전 세계에 독도가 한국의 고유한 영토임을 알렸다. 이러한 사실은 일본에 대하여 타협의 여지가 전혀 없는 강경한 대응책이었다.

1950년 6월 25일 북한의 남침에 의하여 남한은 누란지세의 위기에 처하게 되고, 이 틈을 타서 일본 사람들은 독도 해역에서 어업활동을 하며 독도를 점유하게 된다. 미군의 폭격 연습으로 희생된 한국인의 위령비와 독도는 한국 땅이라는 푯말이 일본 측에 의해서 제거되고, 독도는 일본 땅이라는 푯말을 세워놓았다.

이러한 상황에서 1953년 4월 20일부터 독도출신의 재향군인 33인이 독도수비대를 조직하고 홍순칠이 대표로 앞장서 울릉 경찰서에서 여러 종류의 총기류와 실탄 2만 4천발을 수수하여 일본인들을 독도 해역에서 몰아냈다. 이 때 이후로 지금까지 60여 년 이상 독도는 실효적인 한국 영토로 굳건히 수호되고 있다.

1998년 김대중 정부가 들어서면서 신 한일어업협정이 체결되면서 독도 해역을 일본과 한국의 중간 수역으로 책정하게 된다. 이것이 오늘날에 여러 가지 사태를 야기하는 단초가 된 셈이다.

제4장

독도 해역의 염도와 일제 강점기

1. 독도 해역의 수문학적 성격 – 염도
2. 일제 강점기와 열강 속의 한국인
3. 진화, 인간의 극상시대

1. 독도 해역의 수문학적 성격 — 염도

바닷물 1리터 속에 녹아있는 염분의 총량을 그램(g)으로 표시한 것이 염도이다. 바닷물에는 1리터당 약 35g의 소금이 녹아 있고, 이것을 35‰로 표기한다.

독도의 바닷물 1리터 속에는 34g 정도의 소금이 함유되어 있다. 지중해는 37g 정도의 소금이 함유되어 있으며, 사해에서는 무려 230g의 소금이 포함되어 있다. 사해의 바닷물 1리터 속에는 물 1kg의 무게와 소금 230g의 무게가 합쳐져 1,230g이다. 따라서 사해의 바닷물은 무거우며, 부력이 커서 수영을 하는 경우 물에 쉽게 떠 있을 수 있다. 그래서 사해의 바닷물 위에는 누워서 양산을 쓰고 독서를 할 수 있음을 시사한 만화도 볼 수 있다.

염도는 바닷물의 성격을 좌우하는 중요한 요인 중의 하나로 염분의 농도에 따라 해수의 물리 화학적 성격의 차이는 물론이고 생태 환경이 달라진다. 해양 생물은 염도의 농도에 적응하는 범위가 넓은 생물과 지극히 좁은 생물로 나뉜다. 염도는 생물환경에 커다란 영향을 미친다.

독도 해역의 3개 실험정점에서 1999년의 수문학적인 봄6월, 여름8월, 가을11월의 3개 계절에 걸쳐 수심 0, 5, 10, 30, 50m에 이르는 5개의 수층별로 채수하여 측정한 41개의 염도의 값은 대략 33‰~34‰ 사이에 분포하고 있다.

실험 수치 중의 최저값은 수문학적 계절로 가을인 11월에 측정한 32.7‰이고, 최고값은 여름인 8월에 측정한 34.4‰로 계절에 따라 현저한 변화가 나타나고 있으나, 0~50m까지의 수심에 따른 수직적 변화는 아주 적은 편이다.

독도 해역에서는 전반적으로 염도 변화의 폭이 수심과 계절을 통틀어 크게 나타나지 않는 편이지만, 데이터를 자세히 분석하면 수문학적 가을의 염도는 낮고 여름의 염도는 높은 것을 알 수 있다.

그런데 이렇게 미미한 수직적 변화에 대해서 언급하는 것은 심해 또는 대양에서 0.1℃의 수온과 0.1‰의 염도 차이가 수심 200m의 물덩이water mass와 수심 2000m의 물덩이의 성격을 착각하게 할 수 있는 중요한 사안으로, 2개의 물덩이의 성격이 수문학적으로 전혀 다르다는 의미이다.

독도 해역의 수문학적 변화에 대하여 적시하면, 봄에 해당되는 6월의 수심별 염도 변화는 여름과 가을에 비교하여 작은 폭의 변화를 보이고 있다. 여름인 8월의 실측값은 봄과 가을의 값에 비해

극히 근소하지만 높은 값을 보이고 있는 반면에, 가을인 11월의 실측값은 다른 계절의 값보다 상대적으로 다소 낮은 값을 나타내고 있다.

이런 사실은 수심별 변화가 적으면서 낮은 염도 수치를 나타내는 가을11월과 수심별 변화가 역시 적으며 높은 염도를 지니는 여름8월의 물 덩어리water mass는 서로 다르다는 것을 나타내는 것이다.

봄의 염도 수치는 이 두 계절의 수치 사이에 있으면서 수심에 따라 다소 기복을 보이고 있다. 이러한 단편적인 사실만 가지고도 독도 해역의 물 덩어리는 계절에 따라 적지 않게 변하고 있음을 유추할 수 있다. 이러한 염도의 변화는 쿠로시오 해류의 영향으로 발생되는 것이다.

독도 해역에서 실측한 분석집단이 적어 자세한 논의를 하기 위해서는 더 많은 집중적인 실험 데이터가 요구되지만, 이 해역의 성격을 단순하게 유추할 때 무거운 물은 저층에, 가벼운 물은 표층에 위치하는 일반적인 물리 화학적 성격과 다르지 않다.

그림. 10의 지중해의 실험 방법과 같이 독도 해역에서도 물기둥의 개념으로 수문학적 성격을 세세히 파악해 보는 것은 좋다. 다시 말해서, 염도는 같은 해역이라고 해도 수직분포에서 유의성을 찾아볼 수 있다. 물의 무게, 즉 밀도는 염도와 온도에 따라서 결정되는데 표층수와 저층수 사이에는 저층의 무거운 물에서부터 표층으로 갈수록 차츰 가벼워지는 물로 차례대로 쌓이는 것이 물리적 현상이나, 물 덩어리의 역전 현상inversion, 즉 무거운 물과 가벼운 물이 뒤

바뀌는 경우가 드물지 않게 일어나서 생태계의 변천이 재미있게 전개된다.

바다마다 염분의 함량이 다르고, 해수의 성격도 다르다. 해양 환경의 변천에 따라 염도의 변화가 있고, 그 속에 사는 생물상이 달라진다. 그래서 염도의 변화는 최종적으로 어장 형성과도 연관이 있다.

이러한 관점에서 염도를 다년간 정밀 측정하여 실험 데이터를 축적하게 되면 물리 화학적 해수의 변동에 대한 수문학적 연간 변화를 파악하게 되어 어느 시점에 물꽃이 형성되고, 뒤 이어 어떤 어종이 어느 만큼의 어획량으로 생산될 것인가를 예상할 수 있다.

독도 해역은 수심상으로는 심해에 속하고, 해수의 성격상으로는 심층해수를 내포하고 있으며, 수량적으로는 원양성이어서 큰 바다라고 할 수 있다. 이러한 독도 해역의 천혜적인 자연환경을 살려서 해양 개발이나 수산 양식에 활용할 필요가 있다.

1985년 9월부터 1987년 8월까지 2년에 걸쳐서 영일만내의 10개 실험정점 및 여러 정점에서 실험(Kim *et al*, 1988)을 수행하였다. 여기서 변화가 심한 형산강 하구의 인접수역 3개와 대조가 되는 1개 실험정점에 대한 1986년의 그래프(그림. 11 : 정점 F, G. H. I)를 소개한다.

정점 3개의 그래프상에 나타난 결과를 보면 염도의 변화가 대단히 크다. 장마철인 7~8월에는 많은 담수량이 영일만으로 유입되어

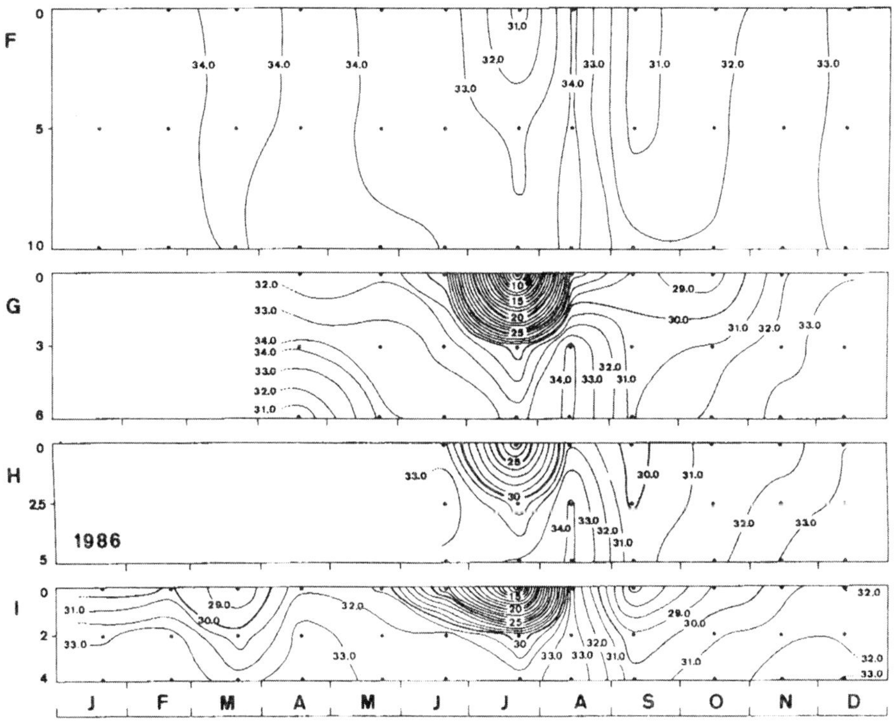

그림. 11 1986년 영일만의 4개 정점(F. G. H. I)의 염도에 대한 변화도. F 정점은 원양의 해수 성격을 나타내고 있고, 담수의 영향력이 많은 G. H. I 정점은 변화가 많다. 본 논문에서는 해수, 담수, 기수의 염도와 염도 약층대의 대단히 복잡함을 관찰할 수 있다. 해수와 담수 사이에는 물의 무게 차이로 인하여 쉽게 섞여지지 않는 염도와 밀도의 쐐기가 있음을 보여주고 있다. 이 수층은 물리 화학적으로 독특한 성격을 보여주며, 생물의 서식도 이러한 환경과 밀접한 관계가 있다. 다시 말해서 해수산의 생물과 담수산의 생물이 뒤섞여 있는 천이 상태인 것이다. 형산강 하구의 담수량이 많은 7~8월의 염도 변화는 대단히 크다.

염도가 10‰ 이하로 떨어지면서 복잡한 염도 약층대halocline가 형성되지만, 수심 3m 이하의 수층에서는 해수의 염도에 근접하고 있다.

이것은 담수와 해수가 쉽게 섞이지 않음을 보이는 것이며, 염도와 밀도가 심한 변화를 나타내고 있음을 보여준다. 그러나 하구역이면서도 영향을 직접 받지 않는 F 정점에서는 해수의 면모가 그대로 나타나고 있다.

2. 일제 강점기와 열강 속의 한국인

우리나라가 일본에 혹독한 피해를 입은 시기는 1910-1945년의 식민지 시기였다. 1930년대 후반에 있었던 일을 하나 소개한다. 필자는 일제 강점기에 태어났지만 어렸기 때문에 그 당시의 생활상에 대한 기억은 없다. 그러나 일제 식민지 시절의 생활 모습이나 2차 세계대전의 생활상에 풍미되어 있던 분위기에서 자랐다. 당시는 일제의 폭압으로 나라 전체가 암울했고, 절망적으로 가난했던 시절이었다.

일제 말기, 세계대전 직전의 시대에 필자의 어머니는 40대를 바라보면서 4째 아들을 낳으셨다. 그 당시 한옥 대문 안쪽에 보관해 둔 자전거를 도난당했다고 한다.

그러던 어느 날 갑자기 일본 순사들이 칼과 방망이를 차고 집으로 들이닥쳤다고 한다. 대문을 지나 마당에 들어선 순사는 어린 아이를 안고 있는 어머니의 뺨을 후려치고 발로 차서 아이와 함께 마당에 쓰러지셨다고 한다. 그 일이 있고 나서 어머니는 가슴이 두근거리고, 다리가 후들거려 한동안 밖에 나가지도 못하고 잠을 자지 못하는 고통을 당하셨으며, 일본인 순사를 보기만 해도 경기를 하듯 놀라셨다는 이야기를 여러 번 하셨다.

그렇게 불문곡직하고 얻어맞은 이유는 시골에서 당시 청소년이었던 친척 형님이 서울에 와서 얹혀살면서 일어난 일이다. 그 형님은 수중에 한 푼도 없는 백수로 끼니만 얻어먹으며 서울 생활에 적응하려고 기회를 보던 때였다 한다. 그런데 이 시골 형님이 자전거를 가지고 나가 팔아 쓰려고 하다가 절도죄로 잡혔고, 자전거를 분실하면 파출소에 신고를 해야 하는데 신고를 하지 않았다는 이유로 어머니가 무자비하게 폭행을 당했으니, 일제의 폭정이 극에 달했던 시절이었나 보다.

다른 이야기를 하나 더 하기로 하자. 일제 말기에 20대 전후의 청년이었던 친형님 두 분이 강제 징용당하는 것을 피하기 위하여 서울에서 진천으로 이사를 하여 잠적을 했음에도 불구하고, 어쩔 수 없이 형들은 강압에 의하여 2차 대전의 전선으로 끌려 나갈 수밖에 없었다.

그 당시 전쟁에 나가서 살아 돌아온다는 것은 하늘의 별을 따는 것만큼이나 기대할 수 없는 일이었다. 따라서 집안은 초상집 같이 큰 슬픔에 잠겨 있었고, 암담한 분위기였다.

어머니는 형들이 강제 징용으로 끌려 간 후로 날마다 이른 새벽에 집에서 멀리 떨어져 있는 성황당에 가서 아들들의 무사 귀환을 빌며 절을 하고 치성을 드렸다. 그리고는 집으로 돌아오는 길목에 있는 고갯마루에서 해가 중천에 떠오르도록 행여나 아들들이 돌아올까 기다리다가 집으로 돌아오셨다. 그 다음 날에도, 또 그 다음 날에도 비가 오나 눈이 오나 거르는 날이 없이 몇 년 며칠인지도 모르게 계속하셨다고 한다.

지성이면 감천이라고 정말 하늘이 도왔는지 큰 형님은 비록 만신창이가 되어 바로 숨이 끊어지기 직전의 위태로운 상태로 후송되었고, 둘째 형님은 러시아의 포로수용소에서 탈출하여 형언할 수 없는 사투를 벌이면서 추위와 배고픔, 질병과 고통을 극기하면서 구사일생으로 돌아왔다.

당시 이와 같은 생환은 거의 기적에 가까운 일이었다고 한다. 러시아군의 포로관리는 대단히 혹독하여 밤에는 눕혀 놓고 누워있는 위쪽으로 총을 쏘아서 머리를 들거나 다리를 조금도 올리지 못하게 했다고 한다. 포로수용소의 많은 포로들은 러시아 독감에 걸려 속절없이 죽었으며, 사는 것이 죽는 것만도 못하게 지독하게 굶기면서 가혹하게 생명을 유린당했다고 한다.

이런 상황에서 형님은 천신만고 끝에 탈출에 성공하여 러시아군의 추격을 받으면서 도망을 하였다. 그러던 중, 어느 벌판을 지나면서 중국인 농부를 만나게 되었다. 그는 추수 후에 쌓아 놓는 볏짚단 속에 숨어 있으면 러시아 군인을 피할 수 있다고 친절하게 숨겨 주더니 몇 푼의 보상금을 받아내려고 러시아 군인에게 밀고를 하려는 눈치여서 줄행랑을 쳤다고 한다. 이처럼 이루 말 할 수 없는 사경을 넘나들며 인간으로서 더 이상 처참할 수 없는 상황을 극복하고 피골이 상접한 몰골로 한반도를 종단하여 집으로 돌아왔다.

남의 나라 전쟁에 이보다 더 극심한 고통을 받는 일이 어디 있겠는가. 그 당시 우리나라의 많은 젊은이들은 동남아와 그 밖의 여러 곳의 전쟁터에서 이와 같이 무참하게 희생되었다. 그리고 수많은 꽃다운 한국의 젊은 여성들은 종군 위안부로서 천추의 한을 남기는 참화를 당했다.

3. 진화, 인간의 극상시대極上時代

자연의 시공간적인 변천에 따라 생물계에서는 종種이 점멸한다. 즉, 종의 출현, 적응, 발전, 극상, 쇠퇴, 멸망의 과정 또는 도중하차는 자연의 이법理法이다.

지구가 우주 공간에 태어난 것은 약 47억 년 전쯤이라 한다. 그리고 원시 인간이 지구상에 출현한 것은 수백만 년 전의 일이라고 한다. 현재 인구는 약 80여 억이며, 인지의 발달은 극상을 향하고 있다.

인류는 지금 지구 생활권에서 타他의 추종을 불허하는 번성기를 누리고 있다. 현재 지구가 인간에게 낙원 역할을 해주는 것처럼 지구사 속에는 여러 생물이 극상을 이루는 시기가 있었다. 석탄이나 석유로 화한 생물은 한 때 지구를 뒤덮던 우점종이었다. 오늘날에 인류는 이러한 예例의 하나라고 한다면 부인할 이유를 찾기가 어렵다.

인류는 지금 극상에서 서서히 퇴장해야 한다. 그러면 아마 인간과 더불어 사는 생물 중에서 어느 종種인가가 인간의 대代를 이을 것이다. 다만, 그 시기나 자세한 과정을 모를 뿐이다.

생물학자들은 인류의 대代를 이을 생물에 대하여 관심이 있다. 그 생물은 환경에 대한 적응성이 아주 유연할 것이다. 우선, 일차 본능인 식성이 무난하여 도처에서 쉽게 풍부하게 먹이를 얻을 수 있고, 다음으로는 강한 번식력이 있어야 하며, 셋째는 지능이 뛰어나게 발달될 해부학상 두뇌의 여유가 있어야 할 것이다.

아주 가정적인 논리이지만 쥐가 여러 생물들과 비교될 때, 위의 세 가지 조건에서 비교적 유리한 편이라고 한다.

다른 한편에서는 매스컴과 여러 가지 수단을 통하여 인간은 대대적으로 쥐의 박멸 운동을 전개한 적이 있다. 마치 쥐에 대한 적대심리가 발동된 것 같았다.

쥐는 인간의 양식을 심각하게 축내고 악성 병균을 퍼뜨려 재난을 당하게 하는 유해 동물이지만, 동화에서는 선한 역을 맡아주고, 생물학 발전을 위하여 실험동물로서 헌신적으로 인류 복지에 공헌한다. 이런 면에서 사람과 쥐는 공존 시대에 있는 셈이다.

얼마 전만해도 인생 칠십 고래희人生七十古來稀라는 옛말이 유효했으나, 지금은 백세 이상 살아갈 수 있고, 수명은 더욱 늘어나는 추세이다. 인류의 수백만 년 고래희數百萬年 古來稀는 지구라는 유한한 공간과 장구한 세월의 흐름 속에서 장수長壽가 아니라, 한 때 출연한 화려한 요정일는지도 모른다. 인간으로서 시공간적인 한계를 느끼는 대목이다.

제5장

독도 근해의 영양염류

1. 독도 해역의 영양염류의 개요

2. 일본의 해양 양식

3. 일본의 독도에 대한 강박증 - 국제사법재판소

1. 독도 해역의 영양염류의 개요

독도 해역이 왜 황금어장인가를 이해하는 것은 중요하다. 독도 해역의 바닷물 속에는 막대한 양의 무기 영양염류가 끊임없이 조달되는 해양 환경으로서 먹이 피라미드가 잘 정립되어 있다.

이러한 어장환경이란 바람, 해류, 수온, 염도 등에서 언급한 바와 같이 독도 해역은 해류, 바람, 용승 현상Upwelling, 블루콘 현상Blue Corn 등의 해양학적 특이성을 지닌 천해의 해역으로서 바다의 푸른 초장이 형성되고 뒤이어 황금어장이 형성되는 것이다.

독도 해역에는 이러한 복합적인 영향에 의해서 특히 해류에 의해서, 또는 바람의 영향에 의해서 막대한 영양염류가 해수면으로 표출되고 있다. 따라서 식물 플랑크톤의 생장과 번식에 필요한 영양분이 조달되는 것이다. 또한 대형 해조류macroflora가 해중림을 이루는 것도 이와 같은 비옥한 해양 환경에서 비롯되는 것이다.

독도 해역의 영양염류에 대한 연구는 1999년 수행한 4계절에 거쳐 질산염$N\text{-}NO_3$, 이질산염$N\text{-}NO_2$, 인산염$P\text{-}PO_4$, 규산염$Si\text{-}SiO_4$ 등에 대한 것이다. 조사 내용은 다음과 같다.

독도 해역에서 조사된 질산염N-NO3의 농도는, 초 여름철에 해당하는 6월의 경우, 실험정점들의 평균값은 2.92~8.10$\mu g/\ell$ 이었다. 동도와 서도 사이에 위치하는 정점 2인 경우, 수심이 30m 정도에 불과한 낮은 해역으로 수심 10m까지는 질산염의 농도가 낮으면서도 다소의 변화를 보이고 있었다.

그러나 서도의 북쪽해역에 위치한 정점 1과 동도의 남쪽 해역에 있는 정점 3의 수심 50m까지 분석한 영양염류의 분포는 비슷한 양상을 보였으며 정점 3이 다소 높은 값을 보였다. 그리고 수심별 농도 차이는 상당한 변화를 보였다. 또한 6월, 8월, 11월의 계절적인 변천에 대해서도 질산염의 농도는 다소 변화하고 있었다.

바닷물 속에는 일반적으로 일정량의 질산염이 있으며 이것은 미세조류 또는 해조류가 수행하는 광합성 작용을 통하여 생물의 체구성물질 또는 에너지원의 기능을 지닌다. 따라서 질산염이 부족하면 광합성 작용에 영향을 주며, 때로는 제한 요인으로 작용한다. 특히 질산염이 적거나 소진되었을 때에는 빈영양화 해역이 된다.

아질산염의 정점별 평균값은 11월에 1.46-4.2$\mu g/\ell$ 로써 6월과 8월에 비교해서 높은 값을 보였다. 따라서 계절적 변화가 다소 보였지만 수심에 따른 수직변화는 아주 근소하며 단조로웠다.

이 영양염류는 질산염을 보조하고 자연환경 속에서는 양적으로 많지 않다. 그러나 남조류의 어떤 종류는 아질산염을 흡수하여 체 구성물질 또는 에너지원으로 활용하는 경우도 있다. 따라서 식물 프랑크톤의 어떤 종류에 있어서는 질소원으로 작용하는 것이다. 다시 말해서 남조류의 *oscillatoria* sp. 같은 경우에는 물속의 유리 질소를 고정하여 아질산염을 만들며 광합성에 이용하기도 한다(김, 2006).

규산염의 정점별 평균값은 11월에 0.52~0.83㎍/ℓ로써 다른 계절에 비교해서 최대치를 보여 주었다. 그러나 계절적 변화는 보이지 않았으나 8월에는 대체적으로 낮은 성향을 나타냈다. 또한 수심 10~30m 사이에서 높은 값을 보였는데 이는 부유생물의 침전에 따른 현상으로 사료된다.

바닷물 속에는 일반적으로 규조류가 우점종을 이루고 있다. 이들은 껍데기인 각을 가지고 있고 이 각은 규소로 이루어져 있기 때문에 규소는 식물 플랑크톤에 필수 영양염류로 작용한다. 특히 규조류는 대량 번식하여 물꽃현상을 이루는 경우가 많은데 이때의 규소는 식물 플랑크톤의 번식에 제한 요인인 것이다(김, 2006).

인산염의 정점별 평균값은 11월에 0~10.60㎍/ℓ로써 최고값을 보였으나 다른 두 계절의 실험치는 0-0.4 ㎍/ℓ로써 대단히 적은 미량으로 나타났다. 계절적 변화는 거의 나타나지 않고 일정한 농도로 분포되어 있음을 보이는 것이다. 이러한 현상은 일반적으로 표층에서는 영양염류로 이용되고 저층에서는 동식물의 사체가 분해되어 농도가 높아진 것으로 볼 수 있다.

바닷물 속에 용해되어 있는 인의 화학적 형태는 인산염으로 식물 플랑크톤의 생장과 번식에 필수 영양염류이다. 인의 화합물들은 생체구성물질로 작용하고 동시에 ATP, ADP, AMP 같은 생체에너지를 구성하고 있다. 바닷물 속에는 식물 플랑크톤의 번식, 또는 대번식에 따라 아주 다양한 농도의 인산염의 변화를 보이고 있다. N/P의 비율이 해양 생산의 지표로 사용되지만 독도 해역의 실험 당시에는 인산염의 양이 극미하여 제한 요인으로써 N/P의 값을

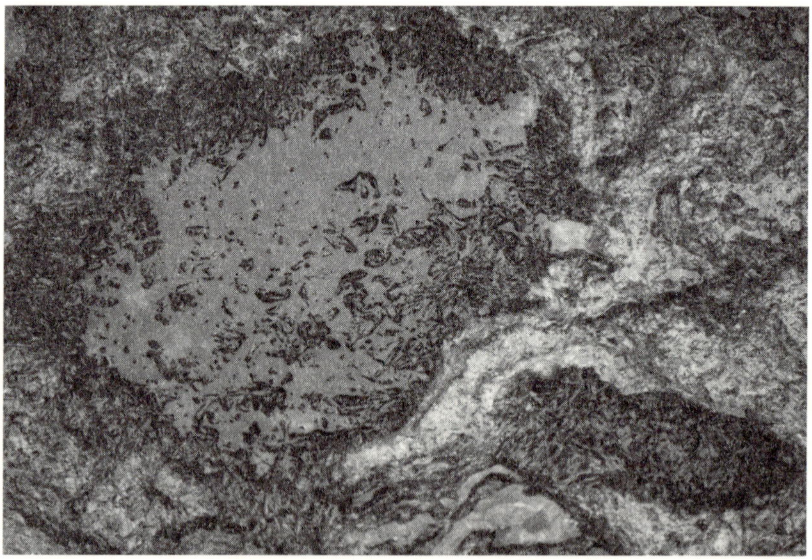

독도 해안에 서식하는 파래

산출하는 것은 의미가 없어 보였다.

바닷물 속에서 플랑크톤의 생장과 번식에 가장 큰 영향력을 지닌 것은 질산염과 인산염이다. 이 두 가지 영양염류가 충족된 다음 양이 적은 미량 영양염류가 미세식물의 생장과 번식에 영향을 미친다.

바닷물 속의 생물이라해도 식물이든 동물이든 크기에 불문하고 살아가기 위해서는 끊임없이 영양물질을 받아 들여야 하고, 체내에서 만들어진 노폐물을 배설해야 한다. 다시 말해서 신진대사가 원활하게 이루어져야 한다.

이러한 관점에서 먹이가 풍부해야 번식하고 활동하는 에너지를 조달하는 것이다. 먹이 피라미드의 저변을 이루는 것은 영양염류이며, 이 양에 따라 미세조류와 생체량이 큰 해조류의 생산량이 결정된다.

또한 바닷물 속의 미세조류라고 해도 광합성 작용을 통해서만 생물 에너지원을 만들어 낸다. 이러한 에너지가 모든 생물을 번식하게 하고 생존해 나갈 수 있게 하는 것이다.

바닷물 속에서는 먹이 피라미드의 균형이 다소의 출렁임 속에 항상 유지되고 있는 셈이다. 다시 말해서 동물 플랑크톤은 식물 플랑크톤의 양에 따라 생존양이 결정되며 동물 플랑크톤의 생체량이 결국에는 어류군의 양을 결정하는 것이다. 다시 말해서 $N\text{-}NO_2$, $N\text{-}NO_3$, $N\text{-}NH_3$, $P\text{-}PO_4$, $Si\text{-}SiO_4$ 등이 근원적으로 해양자원이 되는 것이다.

2. 일본의 해양 양식

일본은 4개의 큰 섬과 환태평양의 수많은 섬들로 구성된 해양강국이다. 일본의 육상면적은 36만 평방킬로미터로서 세계의 60위권이나 바다의 영유권은 북태평양의 방대한 해역을 지니며 대단히 광활하여 세계 6위이다.

그럼에도 불구하고 해양의 영토권에 대한 분쟁을 계속하고 있는데 우리나라와는 독도를 호시탐탐 넘보면서 영토 분쟁을 일으키는 한편, 중국과는 동중국해의 대만 근해에 있는 센카쿠 열도를 1895년 청일전쟁에서 승리하고 주인 없는 섬이라고 실제적인 지배를 하고 있어서 최근 아주 심각한 갈등을 빚고 있다.

다른 한편으로 러시아와는 북해도에 인접해 있는 북방 4개도를 반환받으려고 안간 힘을 쓰고 있다. 이것은 2차 대전에서 승전한 러시아가 자기네 영토로 편입한 것이다.

일본은 광활한 해양 영토를 가지고 있어서 세계 최대의 수산량을 보유하고 있는 나라이다. 따라서 일본 해역의 해양 생물은 양적으로도 대단히 풍부하고 질적으로도 다양하며 우수하다.

일본이 접하는 바다는 위도 상으로 대단히 넓으며 방대한 수산

면적을 지니고 있다. 특히 도서국가로서 해안선 수역은 문전옥토라고 할 만큼 수산 양식에 활용할 수 있다. 따라서 질적 양적으로 우수한 오랜 전통의 양식 기술을 과시하고 있다.

일본의 수산 양식의 발달은 특수한 경우를 제외하고는 거의 모든 해양 생물의 생활환life cycle을 이용하여 인공적으로 산란, 수정, 치어 생산과 방류 등 생산성을 제고하는 어업에 주력하고 있다.

해태양식의 예를 들어도, 대단히 발달하여 반세기가 넘도록 많은 양을 생산해 냈다. 해태는 세계적으로 55종이 기록되고 있으며 일본 해역에서는 20여 종 자생하고 있다. 우리나라의 경우에는 10여 종이 서식한다.

해태양식은 프랑스의 드리우가 1949년에 생활환을 완성시켰으며 이것을 일본에서 적용함으로써 획기적인 해태양식을 이룩해 냈다. 이 밖에도 카라게난과 우무 생산을 위하여 대량의 홍조류 예로서 우뭇가사리, 천초 등을 채취하고 있다.

그러나 이러한 양식 활동의 부작용도 크다. 한때는 동경 만에서 해태양식을 대대적으로 하였으나 해양오염이 심각해졌고, 결국에는 양식을 포기하고 우리나라 남해안에서 생산되는 해태를 수입하고 있다.

뿐만 아니라 어류 양식은 광어 양식과 방어의 바다양식을 비롯하여 수많은 어류들의 생활환을 이용하여 양식할 뿐만 아니라 고급어종에 대해서는 일시축양을 함으로써 수산량을 유지시키고 있다.

3. 일본의 독도에 대한 강박증 – 국제사법재판소

1998년 11월 28일 체결된 신한일어업협정이 독도 해역을 한국과 일본이 공동 관리하는 공동 수역으로 설정함으로써 일본은 독도를 자기네 땅이라고 국방백서에 명시하기 시작하였고, 초·중등학교 교과서에 독도가 자기네 땅이라고 기술하여 가르치고 있다. 일본의 극우파는 마치 강박증 환자처럼 온갖 수단을 동원하여 독도에 대한 탐욕을 노골적으로 표출하면서, 그것도 강력하게 생떼를 부리는 단계에 이르렀다.

이러한 일본의 움직임에 대하여 우리도 그에 대한 대응 방법으로 이명박 대통령이 전격적으로 독도를 방문하여 영유권에 대하여 확고함을 대내외적으로 선언하였다. 이것은 1954년 8월 10일 이승만 대통령이 독도 등대에 점화식을 가진 것과 비견할 만하다. 때마침 이명박 대통령은 이로부터 58년이 지난 2012년 8월 10일에 독도를 방문하였던 것이다.

일본은 독도 등대의 점화식 때에도 대내외적으로 예민한 반응을 보였으며 이번에도 극단적인 반응을 하며, 심지어는 국제사법 재판소에 제소를 하겠다면서 일방적으로 서류를 송달하여 반송되는 국제적인 의전 절차에서까지 결례를 하였다.

국제사법재판관 중에는 일본 왕세자비의 아버지인 오와다 히사시가 근무하고 있어서 일본에 유리한 판결을 이끌어 낼 여지가 있음을 시사하고 있다. 이러한 이유로 일본은 갖은 수단을 다 동원하여 독도를 국제적 분쟁지역화 하려는 것이 제1차 목표인 것이다.

그러나 일본이 이러한 노력을 배가할수록, 역사적 고문서와 고지도를 찾으면 찾을수록 독도는 우리나라 땅이라는 증거가 명명백백하게 드러나고 있다. 이뿐만 아니라 독도가 우리나라 영토라는 것은 일본에서 발행된 각종 지도에서도 찾아 볼 수 있다. 이것은 움직일 수 없는 사실이다.

일본은 우익단체들의 무모한 선동과 데모, 각료의 신사참배, 미국을 비롯한 국제적 로비활동, 영향력 있는 각종 매체에 독도라는 명칭의 무력화 자업, 2013년에는 이배총리와 부총리의 신사참배, 나치망언, 군사 대국을 위한 헌법의 개정의지 등 참으로 우려스러운 행보를 하고 있다.

21세기의 정보 통신 기술Information Technology의 발달은 전 세계를 이웃나라로 만들고 있다. 또한 일본은 유엔의 안전보장 이사국이 되려고 활동하고 있다. 그렇다면 이에 걸맞은 면모를 보여야 하는데, 바로 이웃하고 있는 나라와 분쟁을 일삼는다는 것은 어린아이의 불장난 같은 짓이 아닌가.

제6장

독도 해역의 식물성 플랑크톤과 해양 생산

1. 식물 플랑크톤
2. 독도 근해의 해양 생산
3. 해양과학으로 일본을 앞서고 싶은 마음

1. 식물 플랑크톤

독도의 근해역에서는 무엇보다도 리만 한류와 쿠로시오 난류가 상충하여 용승현상upwelling이 일어나며, 이 현상에 의해서 플랑크톤이 필요로 하는 영양염류, 질산염N-NO_3, 아질산염N-NO_2, 인산염P-PO_4, 규산염Si-SiO_4 등이 풍부하게 표출되고 있다. 다시 말해서 식물 플랑크톤의 생장에 필요한 영양염류가 끊임없이 공급되어, 물꽃현상Water Bloom이 발생되는 수역이다.

이 해역에서는 식물 플랑크톤, 즉 미세조류microform의 정성적 연구는 대략적이며 간헐적으로 이루어 졌다. 동정된 동·식물 플랑크톤의 리스트에서 우점종을 찾아보면, 해양성 규조류가 단연 우세하며 우점속으로는 *Chaetoceros*, *Navicula*, *Nitzschia*, *Rhizosolenia* 등과 *Ceratium*, *Gymnodinium* 등의 와편모 조류가 주류를 이루고 있다.

다른 한편으로 이 해역에서는 블루콘Blue Corn 현상이 일어나고 있다. 이것은 영양염류를 지닌 해류가 해중산에 부딪쳤을 때 와류를 일으키고, 그 와류의 소용돌이 현상에 의해서 영양염류가 그 수역의 일정 부위에 침적된다. 따라서 식물 플랑크톤이 영양염류를 풍부하게 공급받는다. 이것은 용승현상보다도 강력하며 영양염류를 저층수에서 표층수로 인출시키는 물리적 현상을 유도시키는 것이다.

블루콘 현상은 식물 플랑크톤이 영양염류를 해양 생산에 이용할 수 있게 하는 가장 효과적인 방법이다. 독도 근해에서 일어나는 용승현상이나 블루콘 현상은 제1차 해양 생산을 촉발시키는 해양 자원으로서 좋은 어장을 형성시키는 요인이다.

식물 플랑크톤과 동물 플랑크톤의 현존량이 어류의 먹이 사슬로 연계됨으로써 수산자원의 양이 결정되는 것이다. 즉 해양 생산의 근원이다.

해양 생태계의 먹이 피라미드를 분석해 보면 다음과 같다. 해수에 녹아있는 생물체의 체구성물질인 유기물질의 양은 피라미드의 약 60%를 차지한다. 식물 플랑크톤을 중심으로 해산식물의 총생체량은 약 35%이다. 따라서 이 두 가지만 합해도 95%를 차지한다. 나머지 5% 정도는 동물 플랑크톤, 저서동물, 어류 등이다. 어류는 0.5% 정도의 생체량에 불과하다(그림. 12). 이런 관계로 볼 때 동·식물 플랑크톤의 양이 어류의 양을 결정지으며, 피라미드의 한 구성원이 다른 구성원을 결정짓는 자연 평형을 이루는 것이다(김, 2003).

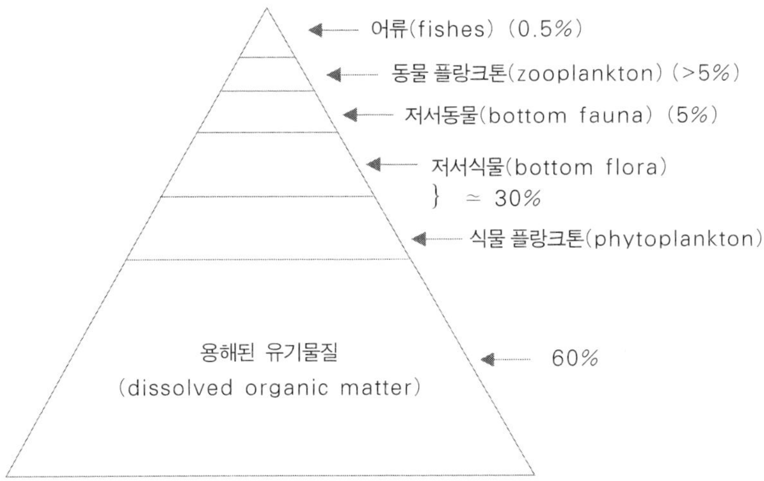

그림. 12. 해양 생태계의 먹이 피라미드

2. 독도 근해의 해양 생산

해양 생산이라 함은 바다에서 생산되는 동식물의 생산량을 포괄적으로 지칭하며 식량으로 사용되는 것을 수산물이라고 한다. 해양은 광활하고 그 속에 살고 있는 생물은 종류로 보나 생체량으로 보나 육상에서 생육하는 생물량보다 10배 가까이 된다. 즉, 해양 생물은 양적으로 많고, 종적으로 다양하다.

우리나라의 동해는 한국, 일본, 러시아로 둘러싸여 있는 내해로서 그 넓이는 대략 100만 평방킬로미터여서 남한 면적의 10배 정도이다.

독도는 동해 남부 해역의 중앙에 위치하고 있는 대단히 중요한 지리적 기능을 가진 도서이다. 또한 해양 생산에 있어서도 커다란 비중을 가지고 있어서 경제적으로 막대한 영향력을 지니고 있다. 독도 해역의 어류별 생산량에 대한 자세한 데이터는 없으나 독도 근해와 대화퇴어장은 포괄적으로 천혜의 황금어장으로 평가받고 있다.

독도 근해의 대화퇴어장은 수심 200m 이하의 넓은 대륙붕을 형성하고 있어서 황금어장으로 정평이 나있다. 실례로 대화퇴어장을 포함한 독도 근해에서 풍부하게 어획되는 오징어는 우리나라 오징어 생산량의 60%에 달하며, 명태인 경우에는 50% 정도가 이 해역에서 어획되고 있다.

최근에 독도 연안 수역에는 양식어업의 일환으로 광어 같은 고급 어종의 치어나 전복의 치패를 방류하고 있다. 독도에 거주하는 어민에게 어업환경을 제공하고 있는 셈이다

대화퇴어장을 포함한 독도 연근해역에서 어획되는 어류로는 청어, 정어리, 고등어, 꽁치, 멸치, 전갱이, 방어, 다랑어, 망상어, 노래미, 복어, 상어, 돌돔, 흑돔, 자리돔, 벵에돔, 임연수, 볼락, 인수연어, 송어, 도루묵, 가자미, 쥐치, 고래 등이다. 그리고 연안 수역에 서식하는 저서생물benthos로는 새우를 비롯하여 문어, 전복, 멍게, 해삼, 성게, 소라, 고동, 홍합, 따개비, 산호, 불가사리, 성게, 군소 등이 오염 없는 천연의 청정수역에서 양적으로 풍부하고 질적으로 다양하게 서식하고 있다.

또한 독도 해역에서 지금까지 조사된 자료에 의하면, 남조류 5종, 홍조류 67종, 갈조류 19종, 녹조류 11종 등 모두 102종이 채집·기록되어 있다. 이 해역에서 채취되는 김, 미역, 다시마, 진저리, 천초 등은 맛이 뛰어난 청정수역의 해산물이다. 이 해역의 우점종인 대황은 해저에서 해중림海中林을 이루고 있어서 천연기념물로 지정되어 있다(김, 2006).

3. 해양과학으로 일본을 앞서고 싶은 마음

일본이 1996년에 일방적으로 한일어업협정을 파기하고, 1998년에 새로운 어업협정을 자국에 유리하게 체결하면서 우리나라의 수산 통계의 부실함과 협상력의 미흡함이 여실히 드러났다. 해양학을 하는 사람으로서 이렇게 주먹구구식으로 살아 왔는가 답답하였다.

우리와 일본은 역사적으로 많은 갈등이 있어 왔고 침략으로 피해를 당했다. 남북 분단의 고통도 원인은 일본이다. 현재에도 독도문제로 끊임없이 갈등하고 있다.

그러나 유럽과 미국에서 연구생활을 하면서 만난 일본인 학자나 학생들의 일상생활에서 받은 인상은 대체로 겸손하고 정직하며, 학문에 성실하다는 느낌을 받았다. 실제로 일본은 어린아이들에게 철저하게 질서의식을 가르치고, 생활 전반에 걸쳐서 질서가 확립되어 있음을 느끼게 한다.

다음은 필자가 어촌생활에서 체험한 몇 가지 사항으로 옛날 이야기이지만 한번 쯤 돌아보고 자성할 필요가 있다. 다시 말해서, 우리는 미래 지향적으로 대일 자세를 가다듬을 필요가 있다. 산고 수려하고 아름다운 이 땅에 사는 우리는 역사적으로 역경이 많았고, 지금도 그리 편안하지가 않다.

우리는 안거낙업安居樂業하고, 경제적으로 안정이 되고, 사회적으로 질서가 있기를 소망하나, 당파적 정쟁이 지속되고, 다른 사람을 배려하는 성숙된 시민 의식은 부족하다.

예로서 어촌이라고 순진하고 어리숙하지만은 않았다. 지난 시절의 어촌 마을에서는 허가 없이도 불법어업에 종사하는 어민이 있었다. 어느 어촌에서든 흔히 있는 일이기도 했고, 그리 문제를 삼지도 않았다. 그러나 이웃끼리 무슨 이해관계가 있을 때는 서로 다시 보지 않을 듯이 싸움을 하는 것도 드물지 않았다.

때로는 불법어업을 단속하는 시기도 있었고, 어떤 경우에는 불화 속에 있는 어느 한쪽의 집이 바다에서 그물을 들어 올리고, 다른 쪽은 바다에서 미처 그물을 빼내지 못했을 때, 불법어업을 한다는 고발이 생기는 경우도 있었다. 그러면 법에 따라 적발된 그물을 소각 처분했다.

그런데 적발된 그물은 대피되고, 어디서인지 헌 그물이 실려 오고 뒤이어서 소각 처분되는 현장을 보게 된다. 소각 장면은 사진으로 찍혀서 문서의 일부로 되고 사건은 종결된다. 그리고 또 이웃들은 언제 그랬느냐는 듯이 일상적인 생활로 돌아간다.

어느 해안 마을에서든 드물게 강력한 태풍을 맞는 경우가 있다. 그러면 선박, 어장, 또는 어가의 피해가 심각하다. 이런 경우에도 엉뚱한 일이 벌어지는 것을 목격한다. 선박 피해의 경우 멀쩡한 배는 어디론가 대피되고, 폐선되어 있던 배가 태풍으로 파손된 대체 선박으로 사진이 찍히고 보상이 이루어진다. 이 모든 과정은 정상적이지 못한 현장임에도, 일종의 묵계처럼 되풀이 되고 있었으며, 가난은 가난대로 이어지는 안쓰러운 모습이었다.

그런데 어디 어촌에서만 이런 일이 있는 일인가. 정말 심각한 일이 하나 둘 아니었다. 1999년 한・일간의 쌍끌이 어업 협상은 아는 것이 힘이고 국력이라는 것을 뼈저리게 느끼게 했나. 해양수산의 최고 책임자인 장관이 확실한 증빙자료나 연구 결과 없이, 일본 측의 파트너와 형님 동생 하는 사이라면서 협상을 하는 모습은 그야말로 처량하기 그지 없었다. 협상용 통계 숫자를 정해진 기일 내에 상부에 보고해야 했던 일선의 어업담당 실무자의 고통을 장관은 알기나 했는지 모르겠다.

정부에서는 수산 통계 연보에 따라 어민의 피해 부분을 보상하려고 하자, 어촌에서는 야단이 났다. 한마디로 세금을 내라고 할 때의 어업량과 보상을 해 준다고 할 때의 어업량은 너무나 큰 격차가 있었고, 어느 누구도 수용하기 어려운 입장 차이를 보였다. 통계연보의 숫자는 그냥 적혀 있는 허수였고, 어민들의 실제 어획량은 엄청나게 많았다. 정부와 어민과의 협상에서 이성과 합리는 없었고, 극단적인 욕설, 폭언, 심지어는 폭력으로 대립되었다.

국회 의사당 안에서도 비슷한 현상이 벌어지고 있었다. 국회의원들이 쇠톱과 쇠망치로 의사당의 문을 부수고 기물을 파괴하는가 하면 갖은 난투극을 벌이고 농성을 하면서 국민이라는 단어를 내세우는 것은 서부활극인지 코미디인지 모를 지경이었다. 이곳은 법을 만들고 법을 지켜야 하는 모범적인 장소가 아닌가.

이러한 과정을 거치면서 우리는 과학기술분야에 있어서 고도성장을 이룩하였다. 그러나 우리보다 일찍 개화한 일본은 서구의 발달된 해양과학을 한 발 먼저 받아 들였다. 그리고 이러한 기초과학을 토대로 수산 양식 즉 해양 생산 분야에 있어서도 고도로 발달시켜 왔다.

우리도 이제 해양과학기술 분야에 있어서 일본과 어깨를 나란히 할 정도로 눈부신 도약을 해왔다. 나아가서는 독자적인 행보를 할 수 있는 능력이 있다.

무엇보다 우리는 일본에 비해서 근원적으로 우수한 언어능력을 구사할 수 있어서 국제적 소통이 원활하다. 이러한 언어기능은 과학기술의 발전과 적용에 크게 기여하며, 우수한 개인적인 발전과 탁월한 능력을 발휘할 수 있게 한다. 다시 말해서 우리 국민의 잠재력이며 국가 경쟁력인 것이다.

제7장

독도의 해중림海中林

1. 독도의 해중림과 생태계
2. 세계의 해중림
3. 센카쿠 열도의 중・일 갈등

1. 독도의 해중림과 생태계

독도의 해중림의 특징은 무엇보다도 환상적으로 아름다운 해중 경관이라 할 수 있다. 이곳의 해중림은 완전히 바다 속의 밀림이라고 할 수 있으며 천연 상태의 자연이다. 그 아름다운 경관은 어느 해역에서도 찾아보기 드물 만큼 수려하다.

독도의 해중림의 주역은 갈조류인 대황과 감태가 빽빽하게 바다 숲을 이루고 있다. 다시 말해서 대황과 감태는 생태적으로 극상climax을 이루고 있으며, 절대적인 우점종으로 자리 잡고 있다. 이 두 종류의 해조류는 이 해역이 최적지임을 보여주고 있다. 독도 수역의 독특한 해양 환경에서 비롯된 해중림의 일반적인 생태와 먹이 피라미드에 대해서는 『세계의 바다와 해양 생물』(김, 2008)에 기술되어 있다.

독도 해역에서 천연 기념물인 대황과 감태 외에도 생체량이 크고 서식 환경이 광범위한 갈조류인 모자반, 미역, 다시마 등이 서식하고 있다. 이러한 해중림의 구성원에 대하여 살펴보면 다음과 같다.

대황학명 : *Eisenia bicyclis* Kjellman Setchell은 미역과에 속하는 갈조류로서 독도의 천연 기념물이다. 대황은 여러해살이 해조류로서 영어로는 바다 참나무sea oak라고 한다. 대황은 썰물일 때 해면의 수위가 가장 낮아진 뭍과 물의 경계선인 저조선의 아래쪽으로부터 수심이 점점 깊어지는 해역, 즉 점심대 수역에 서식하며 길이는 1-2m로서 바위 위에 뿌리를 내리고 서식한다. 대황은 대군락으로 자생하고 있는데, 식용으로 사용되며, 알긴산의 원조이다.

감태학명 : *Ecklonia cava* Kjellman도 미역과에 속하는 갈조류로서 대황과 유사한 형태를 하고 있으며 생육 환경도 대황과 거의 동일하다고 하겠다. 감태는 영어로 바다 트럼펫sea trumpet 또는 바다 대나무sea bamboo라고 하는데 서식처는 점심대, 즉 수심 10m 정도의 해저 바위 위에 뿌리를 내리고 자란다. 다년생 해조류로서 길이는 보통 1-2m이지만 수심이 깊은 곳에서는 3m까지도 자란다. 감태 역시 밀생을 하며, 생체량이 1㎡에 10~20kg 정도이다. 우리나라의 남해안, 제주도, 일본의 구주 등에 서식하고 있다.

미역과Alariaceae에는 미역, 넓미역, 곰피, 감태, 대황 등이 속해있다. 미역은 좋은 알칼리성 식품으로서 칼륨성분이 많이 들어 있다. 우리나라에서는 전통적으로 산모가 미역국을 많이 먹는데 산후의 여러 가지 피로소와 노폐물을 원활하게 배설시키는 데 도움을 준다.

갈조류의 끈적끈적한 점질 성분을 알긴산이라고 한다. 예로서

은 미역과 다시마를 식용으로 애용하였고, 세월의 흐름에 따라 인구의 증가는 수요량의 증가로 이어지고, 수산 과학의 발달은 이런 해조류의 양식을 통하여 대량 생산을 하게 되었다.

제주도의 문섬 해역에도 해중림이 번성하여 장관을 이루고 있다. 이곳의 해중림은 해양 관광자원으로 개발됨으로써 명성을 날리고 있다. 이와 같이 해중림이 형성되는 해역은 그 해역의 환경적 생육 조건이 알맞기 때문이다. 쿠로시오 해류의 영향으로 풍부한 영양염류가 조달되어 바다 숲이 이루어진 것이다.

현재 널리 보급되어 있는 해조류 양식은 목적에 따라 마치 채소밭을 가꾸는 것과 같이 미역과 해태 등을 생산해 내고 있으며, 해중림이 필요한 해역에서는 인공으로 조림을 하여 숲을 만드는 것과 다르지 않게 대형 해조류의 숲이 이루어지게 하고 있다.

프랑스는 홍해의 입구해역에 위치하는 지부티, 남태평양의 타이티 섬, 북아프리카의 여러 나라 등 세계도처에 식민지와 섬들을 통치 또는 점유하고 있었으며, 지금도 점유하는 섬이 많이 있다.

프랑스 국립 수산연구원의 연구원들은 이런 해역에 파견되어 해양 조사를 하는 데 종사한다. 해양 연구가 국력 차원에서 적극적으로 활성화되어 있는 것이다.

일례를 들어보면 지부티는 프랑스가 통치했고 1977년에 독립을 했다. 지부티는 더운 혹서기후를 지닌 나라로서 홍해와 연결되어 있는 아덴만의 해역을 접하고 있다. 이 해역에서는 열대성 갈조류인 외키마 *Eucheuma*가 해중림을 이루고 있으며, 성장 속도가 대단히 빨라서 대량으로 채취하여 활용할 수 있는 지역적 특산물이다.

프랑스가 알긴산보다 훨씬 질이 좋은 카라게난의 생산을 위하여 1956년 영불해협의 봅트Baupte 지역에 카라게난 공장을 세우고 지브티의 외키마 *Eucheuma*를 대량 생산한 것은 획기적인 사실이다. 이것은 이 해조류의 생활환life cycle을 기초 과학적으로 잘 활용했기 때문에 가능한 것이다.

필자는 프랑스 국립 수산연구원에서 1975-1976년에 연구생활을 하였는데, 같은 연구실의 해조류 연구원들이 순번으로 여름철에 2-3개월씩 지부티에 파견되어 외키마 *Eucheuma*의 생산에 전력투구하고 있었다.

아프리카의 희망봉 일대의 해역은 해중림海中林의 명미이다. 남아공의 대서양 쪽의 해안으로 방대한 해역에 거쳐서 대형 갈조류kelp의 해중림이 형성되어 있다. 이곳의 해중림의 주종은 바다 대나무sea bamboo인 감태*Ecklonia*, 스플리트팬 켈프splitfan kelp인 다시마류, 그리고 브레더 켈프bladder kelp라는 기포주머니가 있는 마크로시스티스 *Macrocystis* 등이다.

이러한 해중림이 형성되는 것은 거대한 두 개의 대양 즉 인도양과 대서양의 해류가 서로 마주 치면서 끊임없는 용승현상upwelling이 일어나고 그 결과 해조류에게 충분한 영양분 즉 비료를 공급하기 때문이다.

다시 말해서 희망봉의 해역일대는 해조류가 폭발적으로 증식을 하여 해중림을 이룰 수 있는 여건을 지니고 있고 이렇게 자란 해조류는 수표면에서 커다란 군락으로 부유하고 있다. 이러한 해중림으로 인하여 좋은 어장이 형성되고 있다.

해중림은 남아공의 희망봉 해역뿐만 아니라 대서양 쪽의 해안에도 널리 분포되어 있다. 필자가 이 해역의 해황을 관찰한 바에 의하면, 두 대양의 물 덩어리가 부딪치는 현장은 해양학적으로 장관을 이루고 있으며, 해조류 군락의 표류는 대단히 아름다운 자연 경관이었다.

해중림의 특수한 예로는 사르가소 해Sargasso Sea가 있다. 이 바다에는 대형 갈조류인 모자반 *Sargassum natans*과 *S. fluitans*이 폭발적인 증식을 하여 모자반이 바다를 가득 메우고 있음으로 붙여진 바다 이름이다. 사르가소 해는 해안선을 가지지 않는데, 북대서양의 방대한 해역에 거쳐서 일어나고 있는 4개의 거대한 해류가 공조하여 소용돌이를 만들고 있는 아주 특수한 바다이다. 모자반의 번성은 선박의 출입조차도 어렵게 만들고 있다. 해조류가 얕은 해저에서부터 해수면에 이르기까지 왕성하게 서식하고 있음을 보이고 있다.

3. 센카쿠 열도의 중·일 갈등

일본은 청일전쟁에서 승리하고 1895년 조어도, 즉 센카쿠 열도를 중국에서 일본 영토로 편입하였다. 센카쿠 열도는 오키나와와 대만 사이에 위치하는 무인도로 중국과는 거리상으로 멀다고 할 수 있다. 현재 오키나와 섬도 역시 과거에는 유구왕국이었으나 일본으로 편입된 열도이다.

중국의 주석 등소평과 일본 사이에 중일 평화 협정이 이루어질 때 센카쿠 열도는 후세들이 현명한 판단으로 처리하기로 합의하여 협상대상에서 제외시켰다. 그런데 중국의 국방력이 강력하게 성장하고 경제대국으로 발전하면서 센카쿠 열도에 중국의 시위단체들이 입도를 함으로써, 전쟁상태를 방불케 하는 대치 상황까지 이른 적이 있다.

군사적인 면으로 볼 때 중국의 국방비는 일본 자위대보다 2배 이상 될 뿐만 아니라 군사력이 월등히 우위에 있다. 그렇지만 일본은 최신예 무기와 미국과 연합하고 있다.

2012년 8월 12일 홍콩의 과격단체가 센카쿠 열도에 상륙하여 중국의 깃발을 들었으나 일본은 이들을 즉시 되돌려 보내는 외교적 유연성을 보였다. 상하이에서 1000여 척의 어선이 센카쿠 열도로 진입하여 데모를 벌이고 있을 뿐만 아니라 일본과 중국의 군사력이 극명하게 대치하고 있는 현실이다. 따라서 일본의 센카쿠 열도에 대한 지배는 실효성이 희석되어가고 있다.

이러한 상황과 더불어 일본은 독도에 대하여 어떠한 망동을 벌일는지 유추하기 어렵지만, 그들은 국제사법재판소에 제소하는 것에 따라 오라는 강력한 요구이기도 하다. 또한 그들은 우익단체들의 시위에 적극 지원하는 분위기를 조성하고 있다.

이것은 동북아의 영토전쟁의 하나로서 평화를 깨트리는 것이다. 더욱이 한중일 삼국 중에 우리나라는 남북이 분단되어 있고, 경제력에서 열세에 있기 때문에 더욱 극악하게 독도 영유권을 주장하고 있는 것 같다.

다른 한편으로 제2차 대전의 패전국으로서 일본은 러시아에게 북해도에 인접한 북방 4개 섬을 할애하였고, 최근에 반환을 요구하고 있지만 별다른 조치가 취해지지 못하고 있다. 이러한 것으로 미루어보아 일본은 우리나라를 실력적으로 압도하는 것으로 착각하고 있는 듯하다.

제8장

독도의 식생

1. 독도의 식생

2. 자연이 다른 두 나라—왜구와 임진왜란

3. 민족의 수난기와 독도

1. 독도의 식생

독도의 식생은 심해자연의 해암 풍토에서 이루어지고 있다. 이러한 식생은 완전히 해양기후와 해양의 물리・화학적 성격에 지배를 받고 있다. 독도는 위도 상으로 온대 해역에 위치하고 있지만, 리만 한류와 쿠로시오 난류가 상충하는 천이 해역의 환경 속에 있는 조그만 바위섬이라고 하겠다. 그리고 독도는 심해성 기후로서 심한 추위도 없고 심한 더위도 없다. 다시 말해서 커다란 온도 변화가 없는 바닷물의 일정한 온도 범위 내에서 영향을 받고 있다.

독도의 식생은 암석의 풍화로 이루어진 토양이어서 비옥할 수는 없지만 온화한 기후와 충분한 강우량으로 서식환경이 좋은 편이다. 독도에서는 바위가 토양으로 된 곳이면, 어느 곳이든 식생이 이루어지고 있다. 다시 말해서 독도는 초본이든 목본이든 무난하게 서식할 수 있는 자연환경을 지니고 있다. 그러나 강력한 바다 바람의 영향으로 수목의 형성에는 영향을 크게 받을 수밖에 없다. 따라서 목본류의 자생은 어느 정도 제한되어 있음을 볼 수 있다.

독도의 육상에는 초본류의 자생이 뛰어나게 우수하여 봄과 여름의 시기에는 무성한 초원을 형성한다. 다양성에 있어서도 면적에 비교하면 상당히 크다. 무엇보다도 독도의 식생은 아름다운 자연경관을 이루고 있다.

독도에 대한 식생의 연구는 1919년에 일본의 식물학자 나카이Nakai가 조사를 하였고, 그 후로는 우리나라의 원로 식물학자 정태현, 이영노, 이덕봉, 이창복 등에 의해서 독도의 식생이 조사되었다. 1981년에는 한국 자연보호 협회가 조사한 바 있으며, 필자는 1999년 6월에 독도의 육상에서 초본류의 종의 구성에 대하여 조사하고 이를 한국 생태학회지에 보고한 바 있다. 이밖에도 대소의 조사 활동이 있다. 그러나 지리적으로 외진 섬의 특수성으로 간헐적이면서 1회적으로 수행한 조사들이다.

1999년 5월 14일과 6월 22일에 필자가 독도를 답사하였으며, 식생의 성격과 괭이갈매기 군락에 대한 조사와 연구는 아주 단순하고 단편적이었다. 일반적인 식생과 주요 경관은 사진 촬영으로 기초적인 자료를 확보하였다. 6월 22일의 답사는 우선 드물게 일기가 아주 쾌청하여 식생 연구에 적절한 시기였다. 모든 초본이 무성하게 자라 초원을 이루고 있었기 때문에 식생 조사가 효과적이었다. 그리고 일반적인 해황이 양호하였으며, 괭이갈매기의 좋은 번식기이기도 하였다.

독도의 식생을 전반적으로 종합하여 보면, 개밀, 갯까치수염, 갯

과불주머니, 갯개미자리, 갯메꽃, 구절초, 도깨비고비, 땅채송화, 돌피, 띠, 마디풀, 명아주, 민들레, 바랭이, 번행초, 별꽃, 붉은가시딸기, 사데풀, 산조풀, 섬기린초, 섬장대, 섬제비쑥, 쇠비름, 수수새, 술패랭이, 참나리, 참억새, 천문동, 털머위, 큰개미자리, 해국, 왕해국, 해당화 등이 빈번하게 조사되었다.

독도의 산봉우리에서는 토양이 충분하지 않아서 식물이 자라기에는 척박한 환경이며, 해변에 가까울수록 토양이 넉넉하여 식생이 풍부해지고 무성한 초원을 이루고 있다.

수수새의 번식은 외관적으로 아주 두드러지다고 할 수 있는데,

독도에 자생하는 땅 채송화

이와 더불어 띠와 산조풀도 왕성하게 군락을 이루면서 대부분의 해안의 토양 지대를 점유하고 있다. 그리고 넓은 잎을 지니는 사데풀도 수수새, 띠, 산조풀보다는 점유면적이 적지만 경쟁적으로 세력을 형성하면서 왕성하게 자라고 있다. 또한 구절초나 마디풀의 번식도 상당히 두드러지게 나타나서 초원의 군락을 무성하게 이루는 데 합세하고 있다. 왕호장은 다년생 초본이며 2-3m나 자라며 식용과 약용으로 유용하게 쓰인다.

다른 한편으로 갯까치수염과 땅채송화는 답사 당시에 꽃이 만개되었으며 야생화로서 화려한 면모를 드러내고 있었다. 이와 같은

독도에 자생하는 구절초

몇 가지 초본들의 왕성한 번식은 독도의 해양성기후와 암석에서 풍화된 토양에서 잘 적응되어 있음을 보여주고 있는 것이다.

또한 독도의 토양 중에서 비교적 척박한 땅이나 암석 틈에서 서식하고 있는 해국, 바랭이, 쇠비름, 명아주 등의 면모도 대단히 활기차게 자라고 있다. 특히 바닷가 바위틈에서 자태를 보이는 해국은 이곳의 경관을 수려하게 하여준다.

현재 독도에는 사철나무, 섬괴불나무, 댕댕이덩굴 등이 자생하고 있으며, 전자의 두 종류는 작은 군락을 이루고 있는 것으로 보고되고 있다. 특히 섬괴불나무의 자생은 특기할 만하다. 이들의 자생이 원활하여 번식년석이 다소라도 늘어나는 것은 바람직하지만 바위틈에 자생하고 있어서 자연번식에는 한계가 있다.

다른 한편으로는 해송 같은 친해양성 수목의 서식이 가능하여 식수함으로써 수목을 형성하는 것도 바람직하다고 하겠다. 수목의 형성은 현재 독도가 국제적으로 무인도로서의 지위에서 유인도의 위상으로 전환되는 필요조건의 하나가 되는 것이다.

2. 자연이 다른 두 나라 – 왜구와 임진왜란

설화이기는 하지만 우리 민족의 뿌리는 천제天帝의 아들인 환웅이 웅녀와 결혼하여 단군왕검이 탄생된 것으로부터 비롯된다. 따라서 우리 민족의 시조의 어머니인 웅녀는 본 태생이 곰으로서 사람이 되기 위해 마늘과 쑥을 먹으면서 어둡고 추운 동굴 속에서 무던히 참고 견디면서 간절한 백일기도 과정을 통하여 사람이 되었다. 다시 말해서 참고 견디어 냄으로서 곰에서 한 나라의 시조를 잉태한 어머니가 되었다.

한반도는 고조선, 삼국시대, 고려, 조선 그리고 대한민국으로 이어지는 유구한 역사와 아름다운 자연, 살기 좋은 지리적 환경을 가지고 있다. 애국가의 첫 소절인 '동해물과 백두산이 마르고 닳도록'에서 언급되는 동해와 백두산만 보더라도 우리나라가 독특한 자연지리와 얼마나 밀접한 관계를 지니는지 알 수 있다.

동해는 우리가 생각하는 것보다도 크고 깊은 바다이다. 넓이로는 남한 면적의 10배가 넘으며 최대 수심은 3,762m이며 평균 수심은 1,361m나 되는 심해이다. 그리고 동해 속에 담겨있는 물, 즉 수량은 두량하기 어려울 정도로 많다. 우리의 소망은 이러한 동해의 물이 말라서 없어질 만큼 장구한 세월동안 무궁하게 번성하기를 기원하고 있다.

백두산은 2,744m나 되는 크고 높은 영산으로서 우리 민족의 기원지이다. 이 거대한 산이 닳아서 없어질 만큼 이 민족이 영원하기를 바라는 것이다.

일본은 우리에게 지금과는 다르게 옛날에는 바다건너 동쪽으로 구만리 같이 먼 섬나라였다. 그리고 그 망망대해의 가운데 아무도 돌아보지 않은 독도가 있었다. 이때에 독도가 무슨 의미가 있고 무슨 가치가 있었겠는가.

그래서 1960년대 한일 국교 협상이 이루어지고 있을 때에 대표단의 한 사람은 아무런 쓸모가 없고 분쟁만 일으키는 바위섬을 폭파해 버리자는 말도 했다고 한다.

그러나 지금은 물질문명이 극도로 발달되었고 시공간적으로 축지법이 실현되어서 거리감이 사라진지 오래되었다. 해양이 국토이고 바닷물이 자원이 되고 있는 현시점에서 독도의 중요성은 한없이 커지고 있다.

지리적으로 우리나라는 대륙과 섬을 잇는 동북아시아의 요충지이며 온화한 기후에 비옥한 땅이다. 그뿐만 아니라 자연재해가 거의 없는 살기 좋은 나라이다. 다시 말해서 우리나라에는 타오르는 화산이 없고, 혹독한 지진이 없으며, 질풍노도의 태풍이 없는 나라이다.

이렇게 풍요로운 천혜의 자연 속에서 생활했기 때문에 우리에게는 탐험 정신이 부족하였고 바다 건너 대양으로 진출하려는 개척정신이 없었다. 대개는 바다를 잘 모르거나 대수롭지 않게 여기거나 아니면 두려워하였다. 동해바다 멀리 떨어져 있는 울릉도만 해도 풍랑이 일고 뱃길이 험하여 왕래가 용이하지 않았다. 심지어 사회적으로 문제를 일으키는 사람들이 울릉도로 도피하지나 않을까 걱정하여 섬을 비워두는 공도 정책까지 폈던 것이다.

그러나 섬나라인 일본은 자연재해 속에서 불안하게 살아야 했다. 혹독한 지진과 화산의 공포 속에서 또는 무자비하기만 한 태풍의 위력에 압도당하면서 살아야 했다. 따라서 일본 사람들의 자연 재해가 없는 안전한 땅에 대한 갈망은 본능적이지 않을 수 없었다.

역사 속에서 일본은 수시로 우리나라를 넘보며 침범을 시도해 왔다. 조선 시대의 왜구 문제만 해도 심각하였는데, 그들은 동해 남부 해역에 수시로 침범하여 노략질 뿐 아니라 외진 해안에서 밭일을 하는 부녀자들을 납치해 가기도 했다는 사연이 동해 남부 해역의 어촌 마을에서 간간이 전해지고 있다.

임진왜란 당시 일본이 우리나라 전체를 쑥대밭으로 만들다시피 하던 때에 천우신조하여 이순신 같은 명장이 나라를 구해냈다. 그런데 이러한 치명적인 외침에도 불구하고 조정에서는 당파 싸움이 그치지 않았고 마치 흰 것도 검다고 매도하고, 검은 것을 희다고 아귀다툼으로 우겨대는 당쟁에 몰두하였다.

누가 권력을 잡느냐에 따라 싸움에 이겨도 역적으로 몰았고, 나라의 명령을 따르지 않았다고 죄를 뒤집어 씌우는 경우도 있었다. 임진왜란은 1592년에 시작하여 1598년 12월 16일 노량해전을 끝으로 약 7년간 계속되었다. 이순신 장군의 마지막 해전인 노량해전에서, 이순신 장군은 적의 유탄에 맞아 운명한다.

역사학자의 뒷이야기에 따르면, 그의 안주머니에서 아내의 편지가 발견되었고, 거기에는 “아직 부고가 오지 않았습니다”라고 쓰여 있었다고 한다. 이것은 대단히 충격적인 내용이 아닐 수 없다. 편지를 보낸 아내는 이순신 장군이 전장에서 죽어야 하는데 승리하고 개선장군으로 돌아왔을 때 반대파의 모함 때문에 역적으로 몰려 큰 곤욕을 당하고 결국에는 처형될 것으로 예견하고 이런 글을

쓴 것이다. 이 어려운 전쟁의 순간에도 조정에서는 당파싸움과 피비린내나는 사화가 계속되고 있었던 것이다. 율곡 이이의 십만양병설 같은 국가를 보위하는 올바른 식견은 묵살되었고, 임금은 전쟁와중에 전전긍긍하며 피난하기에 급급하였다.

이러한 모습은 오늘날에도 끼리끼리 모인 작당들이 쓸 만한 사람, 즉 유능한 사람을 배척한다. 병폐는 어느 분야에서든지 쉽게 찾아 볼 수 있다. 유능한 인재가 국가적으로 책임 있는 자리에 기용되어야 함에도 불구하고 지역적인 안배, 출신 대학교의 안배, 인맥이라는 안배로 적임자가 아닌 사람을 권력의 자리에 앉히는 일이 비일비재하다. 어느 선신국에서 그런 안배로 장관을 임명하는지 모르겠다.

이순신 장군의 전방급 신물언아사戰方急 愼勿言我死 : 전쟁터의 싸움이 급하니 내가 지금 죽는다고 말하지 말고 전진하며 싸움에 전력을 다하라라는 말은 길이 존경을 받아 마땅한 의연하고 훌륭한 애국심이다.

우리 민족은 본질적으로 영리하고 순박하며 착하고 정이 많으며 인내력이 강한 민족이다. 웅녀처럼 견디어 내는 능력이 뛰어나다. 우리 민족의 덕목일 뿐만 아니라 재능이고 축복이다.

반면 우리에게는 공동체 의식과 상대방을 배려하는 마음이 부족하며, 오로지 자기가 태어난 지역주의에서 벗어나지 못하고 있다. 나라를 창건한 이후 수많은 외침과 내홍에 시달려 왔기 때문인 듯하다.

지금도 국민은 정파갈등으로 편한 날이 없다. 지도자급 정객들은 바른 사람을 만드는 풍토에 앞장서야 한다. 그럼에도 언론 매체들 앞에서는 원수처럼 으르렁거리다가 늦은 저녁 술집에서 나올 때는 어깨동무를 하고 합창까지 하는 것이 오늘날의 정객이다.

3. 민족의 수난기와 독도

일본의 식민지로부터 광복이 되어 대한민국이 수립된 것은 우리 민족에게 광명천지의 꿈과 희망의 새로운 세상이 펼쳐진 것이다. 그러나 제2차 대전의 전승국들은 전리품처럼 남북을 갈라서 고통을 부여하고 있다.

자유민주주의의 대한민국이 출범하자 러시아에 점유되어 있던 북한은 1950년 6월 25일에 김일성이 스탈린과 공조하여 남침을 함으로서 6·25 동란은 동족상쟁의 피비린내 나는 처참한 전쟁으로 치닫게 되었다. 그 결과 우리 민족은 전쟁으로 300여만 명의 희생자가 발생되었고, 1000여만 명의 이산가족이 단장의 아픔을 가지고 반세기가 훨씬 넘도록 살아가고 있는 것이다. 참으로 비통한 것은 아직도 지구상에 유일한 분단국가로 통렬한 아픔을 지니고 있다는 사실이다.

스탈린은 1944년 얄타회담을 통하여 우리나라에 영향을 미쳤으며, 1950년에는 김일성을 앞장세워 전쟁을 일으킨 전범으로서 1953

년 74세에 뇌졸중으로 죽었다. 스탈린의 생가와 박물관이 구르지아의 수도 트빌리시의 서북쪽에 있는 고리마을에 위치하고 있다. 이곳에는 스탈린의 일대기를 생생하게 조망할 수 있는 자료들이 전시되어 있다.

스탈린은 1879년에 구두 수선공인 아버지와 가난한 집안의 어머니 사이에서 태어나 극빈한 유년시절을 보냈다. 그는 3-4평 되는 옹색하고 보잘 것 없는 셋집에서 4살까지 살면서 이웃으로부터 조롱받고 소외된 생활을 하였다고 한다.

스탈린은 1902년에 데모로 투옥되기 시작하여 7번이나 투옥되었으며 1904년경에 결혼하였으나 1906년 아들을 낳다가 부인을 잃는다. 제2차 대전시, 아들이 독일군대에 포로로 잡혀서 독일이 협상을 제의했으나 거부하여 아들을 잃는다. 스탈린은 1919년에 다시 결혼하여 1남 1녀를 낳았으나 부인은 스탈린의 행적에 혐오감을 느껴 자살하였고, 딸은 현재 미국에서 살고 있다고 한다.

스탈린은 그 당시 러시아의 권력자였던 레닌의 비서로 있다가 1924년 레닌이 죽자 교묘한 암투와 행운으로 권력을 장악하여 극악무도한 살인자가 되었다. 그가 권력을 장악하자 자기 고향사람들인 구르지아인을 우선적으로 14만 명을 숙청하였고 70여만 명을 군대로 동원하여 전쟁에 나가게 함으로써 40여만 명이 희생되었다고 한다. 이것은 자기가 태어난 고향사람을 탄압한 일례로서 이 지방 사람들은 스탈린을 몹시 나쁘게 평가하고 있다.

파죽지세 같았던 북한의 남침은 미국을 비롯한 16개국의 유엔군의 참여와 34개국으로부터 식량과 원호물자 등의 지원으로 전세가 바뀌게 되었다. 다른 한편으로는 완전하게 패잔병의 신세를 면치 못하던 일본이 한국 전쟁이 발발함으로써 경제적으로 부흥하는 절호의 기회를 갖게 되었고, 오늘날과 같은 경제 대국의 기초를 닦을 수 있게 된 것이다.

이러한 관점에서 6・25 전쟁은 우리에게는 최악의 고통과 단장의 아픔을 부여한 반면에 일본에게는 최고의 호황을 누리게 한 특수 경제 상황이었다. 이러한 혜택으로 번영한 일본은 독도에 대해서 더 이상 욕심을 부리지 말고 우리를 더 이상 괴롭혀서는 안 된다.

독도는 이러한 전쟁 중에 미국의 폭격 연습장으로 사용됨으로써 물개가 사라지고 생태계가 파괴되는 자연재해가 불가피했으며, 이곳에 출어한 어민들의 피해가 뼈아픈 상처로 남아 있다. 이러한 것은 시대 상황으로 보아서 어쩔 수 없는 사태였으며, 자연은 시대에 따라 마치 산전벽해처럼 변화하고 있음을 느끼게 한다.

제9장

독도의 괭이갈매기

1. 독도의 괭이갈매기

2. 3·1 운동 직후의 제암리 학살사건과 독도함

3. 바다의 약육 강식 – 대륙붕의 의미

1. 독도의 괭이갈매기

독도에서 해조류海鳥類: 바닷새의 서식환경이 좋은 것은 무엇보다도 먹이 피라미드가 이상적이기 때문이다. 이 해역의 풍부한 해양 생물이 해조류의 먹이로 충분하게 공급됨으로써, 여러 종류의 해조류 중에서 특히 괭이갈매기의 집단이 우점종으로써 극상climax을 이루고 있는 것이다.

독도에서 이와 같이 다양하고 많은 해조류바닷새가 관찰되는 것은 자연지리적인 성격에도 기인한다. 왜냐하면 독도는 넓은 동해 바다의 한 가운데 위치하고 있기 때문에 철새가 이동하는 중간휴식처 내지 일시 기착지가 되고 있다.

괭이갈매기 군락의 비상은 독도의 독특한 자연과 함께 환상적인 경관을 연출하고 있다. 독도에 서식하는 괭이갈매기는 1만여 개체로 추산되고 있는데, 이것은 괭이갈매기의 서식환경으로 먹이가 풍부하고 번식 환경이 적합하기 때문이다. 이와 같이 대 군락을 이루는 괭이갈매기는 천연기념물로 지정 보호되고 있다. 이상적인 서식 조건을 지니는 것이다.

독도의 육상은 암석을 제외하고는 토양 전체가 괭이갈매기의 둥지라고 해도 과언이 아니다. 따라서 공간에 비해서 개체수가 너무 많기 때문에, 살아남기 위한 치열한 생존 경쟁의 영역 다툼이 벌어지고 있다. 이러한 자리다툼은 개체들에게는 대단히 절박한 생존권이 아닐 수 없고, 과대 번식을 제한하는 조건이 되는 것이다.

어미 괭이갈매기는 약 25일 정도 알을 품어야 병아리로 부화되는데, 산란과 부화의 시기에 괭이갈매기들 사이에 벌어지는 자리다툼

독도의 바다, 초원 그리고 괭이갈매기

독도 전체가 괭이갈매기의 서식 둥지화 되어 있다.

은 생사와 직결되는 치열한 결투이다.

생존경쟁에서 지는 개체는 물가의 돌 틈이나 풀섭 사이 또는 절벽의 틈새 같은 아주 열악한 환경 속에서 둥지를 만들고, 그곳에서 산란을 하고 부화를 하여 새끼를 기를 수밖에 없다. 따라서 새끼들의 생존에도 생사의 위험부담을 지니고 있기 마련이다.

괭이갈매기의 병아리가 부화하여 성장하는 시기는 독도 연안과 근해에 부유하는 모자반 군집에 꽁치떼가 산란을 하고 부화를 시키는 번식시기와 일치하고 있다. 따라서 이 꽁치알이 바로 괭이갈매기를 번식시키는 최상의 먹이가 되는 것이다.

괭이갈매기는 수심 깊이 자맥질을 하여 먹이를 찾는 능력이 없고 오로지 수표면 가까이에 있는 먹잇감만을 잡아먹는다. 따라서 꽁치알은 어린 괭이갈매기에게 이상적인 성장조건을 충족시켜 주는 먹이이다.

독도에는 괭이갈매기 이외에도 흑비둘기, 백로, 소쩍새, 바다제비, 슴새, 매, 고니, 솔개, 쇠가마우지, 물수리, 방울새, 학도요, 중부리도요, 산솔새, 붉은머리멧새, 귀제비, 북방쇠찌르레기, 흰날개 해오라기, 할미새, 쇳물닭 등 백여 종류가 넘는 조류가 서식하고 있다. 이것은 단위 면적으로 볼 때에 대단히 커다란 다양성과 밀도를 나타내는 것이다. 따라서 독도의 다양한 해조류는 뛰어난 해양 경관을 연출하는 장소이다.

우리나라의 남서 해역의 흑산 군도의 홍도는 역시 괭이갈매기의 대량 서식지로 알려져 있으며, 이들이 비상하는 군무와 함께 펼쳐지는 해양의 자연 경관은 대단히 아름답다. 홍도 역시 괭이갈매기의 서식 환경이 좋은 곳이다.

지구상에는 이와 같은 갈매기의 서식 장소를 여러 곳에서 찾아볼 수 있다. 알래스카의 프린스 윌리암 사운드의 해안에 펼쳐지는 산은 전체가 갈매기 군락의 둥지를 이루고 있다. 한대 해역에서 수십만 마리가 대단히 커다란 집단을 이루어 자생하는 현장이다. 이곳 역시 이 해역으로부터 조달되는 풍부한 먹이가 갈매기의 번식을 허용하고 있는 것이다. 이곳의 아름답고 경이로운 해양 경관은

독도 연안의 한가한 괭이갈매기들

역시 북극권의 관광명소를 만들고 있다.

필자는 영불해협의 한 해역에서 하늘을 온통 뒤덮으며 이동하는 70~80만 마리의 오리떼를 작은 배 위에서 바라본 적이 있다. 너무 큰 집단이고 돌발적인 상황이어서 충격적이었으며, 동승했던 실험실의 연구원들도 경탄을 금하지 못하는 모습으로 바라보고 있었다. 우리나라에서도 가창오리떼의 비상은 대단히 아름다운 하늘의 경관을 연출하고 있다.

이러한 경관은 세계 도처에서 관찰될 수 있다. 특수한 해황으로 무한정의 용승현상이 발생함으로써 폭발적인 광합성 작용이 일어나고, 방대한 양의 어류가 생산되는 모리타니의 해역, 그 중에서 방 다르겡 국립공원의 해역은 역시 해조류, 또는 갈매기의 천국이라고 할 수 있겠다. 군집이 크기도 하고, 비상하는 군무는 역시 아름답다. 이 모든 것은 바다로부터 풍부하게 조달되는 먹이가 있기 때문이다.

2. 3·1 운동 직후의 제암리 학살사건과 독도함

일제의 식민지 시대에 경기도 화성군 제암리의 교인들을 무자비하게 학살한 사건을 보면, 일본의 군국주의가 얼마나 잔인하였는가를 알 수 있다.

1905년 을사보호조약에 이어서 1910년 8월 22일 일본 육군대신 데라우찌와 조선의 총리대신 이완용은 한일합방 조인서에 서명을 한다. 그리고 1910년 8월 29일, 조선 왕조의 사직이 한일합방 조약으로 역사의 뒤안길로 사라졌다. 이와 동시에 일본의 3대 군벌 중의 하나였던 데라우찌가 초대 통감으로 우리나라에 부임한다.

이러한 역사적 사실은 1392년 7월 태조 이성계가 창건한 조선 왕조가 27대 순종 황제의 통치기간 3년을 마지막으로, 조선 왕조의 연한 518년 만에 완전히 막을 내린 것이다. 참으로 비통한 역사의 한 장면이다.

이로 인하여 36년간의 일제의 가혹한 압제 속에 우리 민족은 압살되어 가고 있었다. 1919년 3월 1일 기미 독립 운동이 전개되었고, 이에 대한 대응으로 일본은 1919년 4월 15일 경기도 화성시 향남읍에 있는 제암리 교회 안에 독립운동에 참여한 주민 23인을 가두고 문에 못질을 한 다음에 방화하여 학살하였다. 당시 제암리에는 순흥 안安씨가 집성촌을 이루고 있었는데 23명의 학살자 중에 15명이 순흥 안씨였다. 이때에 교회당의 안에서 탈주하려던 사람들을 칼로 찌르고 총으로 쏘아 죽인 것은 일본의 군국주의가 저지른 만행을 여실하게 보여준다. 이러한 만행은 역사에 남는 참혹한 가해사건이다. 이때에 시장거리 또는 길에서도 양민이 살해되어 모두 37명이 희생되었다.

1945년 8월 15일 일본이 제2차 세계대전에서 무조건 항복을 함으로써 우리나라는 광복의 기쁨을 맞이하였다. 그러나 당시 우리나라는 국토방위의 힘이 부족하고 국력이 없었기 때문에 주변정세에 의해 남과 북으로 갈려 현재까지도 비극의 분단국으로 남아 있게 되었다.

일본은 다각적인 방법을 동원하여 끈질긴 집념으로 독도 영유권을 주장해 오고 있다. 터무니없는 탐욕을 부리는 일본의 망발을 통렬하게 규탄하지 않을 수 없다. 우리는 일본의 이러한 태도에 맞서서 국토방위를 굳건하게 하기 위해서, 2007년 7월 3일 독도 해역에 아시아에서 최대의 상륙함인 독도함을 취역시켰다.

독도함은 14,000톤급이며, 길이는 199m, 폭은 31m로서 만재시의 배수량은 18,800톤이다. 최대속력은 43km이고 승조원은 300여 명이며 헬기, 전차, 돌격용 장갑차 등을 탑재하고 있다. 독도함은 700여 명의 대대급 병력과 장비를 수송하여 상륙시킬 수 있는 대형 함정으로서 국방에 크게 기여하고 있다.

전쟁과 같은 비극은 지양해야 하나 나라의 방어를 위해 총을 들고 철통같은 수비를 하는 것은 애국이다. 애국은 무엇보다도 우선 나라를 지키고 국토를 수호하는 것이고, 다음으로는 국력의 신장에 기여하는 것이다.

일본이 독도에 대하여 부단히 제기하는 영유권 문제는 해양과학을 통해서 효율적으로 해소하는 방안을 모색하는 것이 바람직하다. 독도와 인접 연근해를 조사하고 연구하여 대외적으로 학문적 실적을 쌓아가는 것도 국토를 지키는 아주 긴요한 국토 수호의 한 방법이라고 하겠다.

3. 바다의 약육 강식 — 대륙붕의 의미

인간은 고상한 정신문화를 소유하고 있지만 '먹어야 한다'는 잠재적이고 노골적인 본능에 사로잡혀 생활하는 것을 보면 생물의 세계와 별로 다를 바가 없다.

바닷속 생물의 세계는 마치 오케스트라 단원들과 같이 조화롭고 평화롭다. 그러나 서로 식성에 맞추어 먹고 먹히며 사는 치열한 생존경쟁의 도장이다. 그들이 뛰어 노는 싱그러운 현장은 우리들에게 아름답고 자연스러운 경관이다.

이러한 생물의 세계는 식물이든 동물이든 서로 뒤죽박죽으로 뒤엉킨 아수라장 같으나 역시 질서정연하다. 큰 것이 작은 것을 먹고, 힘이 힘을 흡수하는 물리적인 순환의 세상이다.

해양에서 이러한 생존 경쟁이 주로 벌어지는 수층은 태양광선이 물속으로 투과되는 수층이다. 다시 말해서 광선이 투과되어 광합성 작용이 이루어지는 수심까지를 말한다. 일반적으로 대륙붕의 깊이 200미터 정도까지이다. 이곳은 생물자원의 보고라고 할 수 있다.

대륙붕에서는 각종 동·식물이 서로 물고 물리며, 뜯고 찌르며, 또는 저돌적으로 공격한 다음에 전광석화처럼 순식간에 통째로 삼키는가 하면, 때로는 살랑거리면서 상대방을 쪼아 먹거나, 빨아 먹기도 하는 다양한 형태의 약육강식 또는 공생이나 기생의 생활 패턴을 관찰할 수 있다.

다른 한편으로, 칠흑같이 어두운 무광선 수층은 수심 200m 이하의 수층으로서 광선이 수심 깊이 도달하지 못하여 어두운 수층이며, 이 수층은 광투과층을 떠받치고 있다. 이곳에서는 광합성이 이루어지지 않으며 무거운 침묵이 흐르는 듯한 깊은 수심의 암흑 수층이다.

바다의 깊은 수층은 무기물질의 저장 창고와 같다. 수량이 대단히 방대하고 괴생물이 존재하는 곳으로 아직까지 잘 연구되어져 있지 않고, 생체량으로 본다면 커다란 의의를 찾을 수 없는 방대한 바다 공간이다.

그런데 이곳에서 생활하는 생물은 교묘하고 기발한 수단으로 먹이를 찾아 섭생한다. 형광 램프를 가지고 먹이를 찾는 종류, 입을 벌리고 떨어지는 사체를 받아먹는 종류 등 그 형태가 각양각색이라고 보고되어 있다.

현대 사회의 인간의 능력은 광범위하며, 심성적으로는 신사라고 자부한다. 그렇지만 생존을 위해서 저변에 깔린 치사하고 옹졸한 먹이 근성은 수중 생물의 작태, 습성, 방법 등과 많이 닮아 있다.

이러한 것은 근본적으로 생명이 바다에서 시원되었고 먹이 본능은 아직도 원시 생물의 모태 속성을 지니고 있다고 하겠다.

모천 회귀성 어류인 연어는 자신이 태어난 하천을 다시 찾아가서 알을 낳고 새끼를 번식시키면서 생을 마감한다. 사람도 고향을 떠나 풍요롭고 평화로운 세상을 찾아다니면서 생활하다가 생을 마감할 때는 고향을 그리워하는 귀소 본능이 있다.

제10장

독도의 경관적 중요성

1. 독도의 해양 경관은 자연의 명미 – 다양한 생태계
2. 독도섬의 육상 경관
3. 격랑과 해양학

1. 독도의 해양 경관은 자연의 명미 – 다양한 생태계

해양 생태계를 넓은 의미에서 살펴보는 것은 재미있다. 지구는 무한 광대한 우주 속에 떠도는 지극히 작은 별에 불과하다. 다시 말해서 우주 공간적으로 지구는 존재 자체가 아주 미미하다. 그러나 이 조그만 별 속에는 넓고 넓은 바다가 존재하고, 그 속에는 수많은 생물들이 살아가는 생명의 공간이다. 지구에서 바다는 생명의 기원지이며 생물이 입체적으로 분포되어 있는 공간이다. 바다는 수직적, 수평적으로 커다란 차이가 있는 환경을 이루고 독특한 성격을 나타내고 있다.

독도 해역은 세계적으로 아주 독특한 지질 유적지로 알려져 있다. 이 해역의 수중은 수려한 심해의 자연을 이루고 있으며, 지사학적地史學的 유의성을 지니고 있다고 한다. 지구는 유구한 세월의 흐름 속에 지각적인 변동, 즉 지진, 화산, 빙하기, 대륙의 이동, 기후의 변화 등과 같은 작용에 의해서 변모하여 오늘날과 같이 된 것이다.

실례로 세계적으로 유명한 중국의 장가계, 원가계의 2,000m 정도 되는 기암절벽의 산봉우리들은 수려한 자연 경관을 드러내는데 이 것은 약 3억 8천만 년 전에 심해 자연을 이루고 있던 바다 속이 땅위로 솟아올라 드러난 것이다. 그 증거로 각종 어패류의 화석이 산봉우리의 암석에서 발견되고 있다. 이것은 지구 역사의 놀라운 시공간적 변화를 여실하게 나타내는 것이다.

독도 연안역의 뛰어난 수중 경관 중의 하나는 바다 속에서 해중 림을 이루는 대황같은 갈조류의 자생을 들 수 있다. 이것은 천연기 념물이며 진기한 가치를 지닌다. 또한 이 해역에서 채취되는 해조

의연한 독도의 전경, 서도와 동도

류로서는 김, 미역, 다시마, 진저리, 천초, 우뭇가사리 등은 맛이 뛰어난 청정수역의 해조류로 평가되고 있다. 이 해역에 서식하는 저서동물로는 산호, 불가사리, 성게, 군소 등 다양하다.

산고수려山高水麗하다는 말이 있다. 산이 높아야 골이 깊고, 골에 흐르는 물이 맑고 수중 세계가 천변만화의 아름다움을 연출할 수 있다는 표현이라고 하겠다. 이와 같이 바다에 있어서도 수심이 깊고 수량이 많은 심해에서 거대한 해령 또는 해산이 발달되어 있어야 바다의 본성을 잘 들어낸다.

바닷물은 깊이에 따라 수층의 성격이 다르게 형성된다. 수층에 따라 수압이 달라지며, 수온이 다르고, 염도가 다르고, 들어 있는 각종 용해 물질의 함량이 다르고, 모든 이화학적인 요인의 성격이 다르다.

독도는 실제로 심해 속에 거대한 해령의 일부가 수면으로 드러난 것이다. 이 해령을 전체적으로 볼 적에 다양한 생태계로 나누어 볼 수 있다. 땅위의 육상으로는 히말라야산맥, 알프스산맥, 안데스산맥처럼 고산준령의 고도에 따른 다양한 생태계가 펼쳐지는 것과 비슷하다.

해양 생태계에 있어서도 해수면에서 수심 200m 정도까지는 태양광선이 투과되기 때문에 대소의 각종 해조류는 광합성 작용을 활발하게 한다. 지구 전체에서 만들어지는 광합성 양의 90%가 대륙붕의 수층까지에서 이루어지는 것이다.

바다 속의 수심 200m에서 500~600m까지는 지극히 소량이기는 하지만 햇빛의 영향을 받는 수층이다. 이 수층에서는 광합성 작용이 거의 일어나지 않으며 생물이 살아도 아주 조금밖에 살지 않는 해역이다.

그런데 이 수층보다 깊은 바닷물 전체는 햇빛이 전혀 투과되지 않는 무광선 층으로서 암흑의 물 덩어리이다. 이 암흑의 물 덩어리 속에서는 생물이 살아가는 것이 거의 불가능하다. 왜냐하면 우선 엄청난 수압에 적응 되어야 하고, 온도가 낮은 냉수의 물 덩어리이며, 특히 산소가 없어서 호흡이 불가능한 특수한 해양 환경이기 때문이다. 그래서 아주 특수한 심해상어 또는 전기뱀장어 같은 극

독도 연안의 아름다운 경관

소수의 생물만이 서식하고 있다.

이러한 일반적인 해양 생태계를 생각할 적에 독도를 이루고 있는 바다 산맥은 수심 3,000m 이상 되는 해령으로서 다양한 생태계를 이루고 있다. 다시 말해서 해중림을 이루는 비옥한 생태계와 무생물의 암흑의 수층 사이에는 수심에 따라 물덩어리의 성격이 다름과 동시에 다양한 생태계가 전개될 것이다.

또 한편으로 독도 해역은 해양 생물과 수산자원의 보고로서 커다란 가치가 있다. 독도의 해안선은 5~6㎞ 정도로 짧지만 굴곡이 심한 리아스식 연안을 이루고 있다. 그리고 난류와 한류가 교차하여 용승현상을 나타내는 어장 형성의 최적조건을 지니고 있다. 독도 해역에서는 다양한 어류가 생산되고 있다. 독도에 인접해있는 대화퇴어장을 비롯한 연근해 어장에서 많이 어획되는 해산물로서는 오징어와 명태가 있다. 이 밖에도 멸치, 꽁치, 정어리, 청어, 고등어, 방어, 대구, 송어, 연어, 가다랑어, 검복, 붉은대게, 해삼, 자주복, 등 원양성 어류가 생산되고 있다.

독도의 해양 생태계의 경관은 제주도 해역에서처럼 또는 태평양의 하와이 해역이나 대서양의 우주홀 해역에서처럼 잠수정 관광으로 관찰할 수 있다면 좋을 것이다. 재미있는 해양 생물의 세계를 감상할 수 있는 좋은 관광자원이 될 것이다. 독도 연・근해의 생태적인 면모를 몇 가지 살펴보면 다음과 같다.

독도 해역에서 난태성 어류인 망상어가 치어를 낳으면서 목숨을 다하는 모성본능의 번식방법은 감동이 아닐 수 없는 수중 생물의

독도 방파제의 부분적 면모

세계이다. 그리고 자리돔은 체외수정을 하면서 번식을 위하여 천적인 불가사리, 해삼, 군소 등을 비롯한 각종 저서생물을 멀리 밀어내며 청소하는 모습도 독특하다. 혹돔은 소라, 전복, 홍합 등의 패류를 이로 깨서 섭식하는 것도 인상적이다.

독도의 해양 환경을 과도하게 개발함으로써 자연 경관을 더 이상 파괴하지 말고 자연 생태계 보존 구역으로 보존할 필요가 있다.

최근 독도 영유권 분쟁의 여파로 수많은 사람들이 답사, 관광, 방문, 시찰 등의 목적으로 몰려들어 독도 본연의 자연이 훼손되고 있으며, 해양오염이 가중되고 있다. 자연보호에 소홀하지 않도록 해야 하며, 과도한 개발이나, 과잉보호도 독도를 변모시키는 결과를 초래할 것이다(김, 2008).

2. 독도의 육상 경관

독도는 실질적으로 해양 경관 즉, 수중 경관이 백미이다. 그러나 수중 경관을 육안으로 쉽게 접하기는 어렵다. 다만 잠수를 통해서 수중 세계를 관찰할 수밖에 없다.

다른 한편으로 독도 군도의 해상 경관 즉, 도서의 경관도 일품이라고 하겠다. 동도와 서도의 해안선은 불과 5~6km 정도에 불과하지만 선박으로 섬의 둘레를 선회하면서 살펴보면 그 모습이 매우 다양하여 천의 얼굴을 연출하고 있다. 때로는 기암절벽 같은 해암이 솟아있고, 그 사이사이 초목이 우거지며, 비상하는 조류의 경관은 매우 아름답다. 외관상 독도는 온화한 해양성 기후에 초본류가 다양하게 자생하며 암석부분을 제외하고는 아름다운 초원을 이루면서 섬의 자연 경관으로 자리 잡고 있다.

독도의 상공에는 천연 기념물로서 괭이갈매기 군락이 환상적 아름다움을 연출하고 있다. 독도에 자생하는 괭이갈매기의 수는 1만여 마리 이상이다. 따라서 이곳의 산봉우리 또는 토양의 대부분은 괭이갈매기의 서식 둥지라고 해도 과언이 아니다. 이것은 천연기념물 제336호이다.

동도는 일본으로 향해서 위치하고 있는데 한 부분이 한반도의 지도와 매우 흡사하게 닮아 있어서 마치 나라의 인장을 찍어 놓은 듯하다. 동도의 섬 자체는 다양한 형태로 보이는 화석암으로 되어 있고, 경사가 원만하며 비교적 높지 않아서 등대, 수비대, 헬리콥터 착륙장 등의 시설물들이 있다.

서도는 비교적 높은 암벽의 산으로 되어 있으며 이러한 암벽은 절벽을 이루고 있는데, 강한 풍화작용으로 파이고 깎이고 다듬어진 자연스러운 면모가 수려하다. 섬의 저층은 강한 파도에 따른 부식 작용으로, 바위가 마치 무늬로 수놓아진 듯하다.

화석암이 심해에서 돌출되었다고 해도 이러한 장구한 세월의 풍화작용으로 인하여 토양이 형성되었고, 그 토양에는 온화한 기후의 영향으로 초원을 이룸으로써 경관을 아름답게 만들고 있다. 뿐만 아니라 수많은 조류 등의 서식처로서, 특히 괭이갈매기의 비상 같은 뛰어난 경관이 연출되고 있음으로써 관광객을 유치할 수 있는 좋은 조건을 지니고 있다.

3. 격랑激浪과 해양학

바다의 평온함. 봄빛 찬란하고 수면은 온통 은빛, 금빛, 무지갯빛인데 거무티티한 얼굴에 미소를 머금고 거울처럼 잔잔한 바다 위에서 푸른 녹원 같은 물 속으로부터 도미나 참치 또는 다양한 어류를 낚아 올리는 모습을 보면, 더할 나위 없이 풍요롭고 평화스럽다. 이런 모습을 보면 오늘날처럼 시끄러운 세상살이와는 인연이 없어 보인다. 그러나 넓고 깊은 바다라고 해도 이런 평화로움이나 풍요로움은 언제나 있는 것이 아니고, 또 아무런 보상도 없이 이루어지는 것이 아니다.

하늘에 먹구름이 오락가락하면서 마魔의 골 같은 태풍의 격랑이 출렁일 때, 또는 대두大豆만한 빗방울이 쏟아 부어지면서 거대한 물결이 마치 악마의 혓바닥 같은 흰 거품을 토해낼 때에 선상船上에 있게 된다면, 염라대왕의 열두 대문도 바로 지척지간이요, 인명은 재천在天이라지만 실제로는 물고랑 하나 사이에 있는 셈이다.

바다에서는 이런 태풍이 지나야 비로소 풍요로움과 평화로움이 이루어지게끔 되어 있다. 따라서 바다의 평온함과 태풍의 격랑은 교대로 반복되는 자연의 이법이다. 이러한 변화는 인간사의 기복 리듬이나 사회적인 굴곡 리듬과도 비슷하다.

해양학자는 태풍 전후의 해황, 수질, 그리고 해양 생물상의 변화를 연구하고 싶어 한다. 폭풍과 함께 발생하는 해류에 따른 격랑은 심층해수를 표면으로 인출시키고, 이 속에 함유되어 있는 막대한 영양염류는 식물 플랑크톤의 물꽃을 형성시키는 근원이 된다. 곧 이어서 식물 플랑크톤을 먹이로 하는 동물 플랑크톤이 번성한다.

다시 말해서, 심해로부터 영양염류의 용출은 바다의 초원을 이루는 원동력이 된다. 그 작은 플랑크톤의 초원은 물벌레나 작은 물고기의 밥이 되며, 이것은 결국 커다란 어류의 먹이가 된다. 이렇게 이루어지는 어군은 우리들에게 수산자원으로 활용되고 있다.

물꽃이 어느 수역에서 어떻게 형성되는지 첨단의 해양 연구선이라고 해도 넓은 대양에서 일어나는 지엽적인 자연현상을 쉽게 알아내기는 어렵다. 이럴 때 비행을 통한 원격 탐사는 유용하다. 이런 탐사는 물꽃 현상의 농도, 즉 바닷물이 함유하고 있는 클로로필의 총량까지도 산출하게 하는 것이다. 해양오염에 관한 연구도 이와 같은 방법으로 수행되고 있다. 이것은 해양학 연구에 있어서 획기적인 발전이다.

이런 탐사 자료에 의거하여 어군魚群 형성의 시기와 어획량을 추

독도의 거센 파도와 방파제의 일면

정한다. 따라서 태풍이 몰고 오는 용출현상Upwelling과 그 후의 물꽃 현상은 해양자원의 일종으로서 그 형성 메커니즘과 결과를 연구하기 위하여 각국의 탐사선은 경쟁적인 관심을 보이고 있다.

바다자연의 반복되는 주기적인 격랑의 성격은 인간의 세상에서 반복되는 역사성과도 비슷하다. 태평성대를 한 동안 누리게 되면 그 속에서 발효되는 부정, 부패가 사회 구석구석에 쌓이게 되고 이러한 현상의 집적은 태풍 노도와 같은 개혁의 물결에 의해서 사회 정의가 다시 수립되는 것이다.

다시 말해서, 정체되어 발전이 없는 병든 사회는 표면상으로 고

서도의 아름다운 바위 전경

요하지만, 내면적으로는 불만과 분쟁으로 가득 차 있고 썩고 병든 사회를 이룬다. 시간의 흐름과 함께 숙성되어 커다란 혁명적 변화를 초래하는 원인이 되는 것이다. 바다 속의 자연 현상이나 인간사의 변혁은 평온함과 격랑이 교차되는 리듬을 가지고 있는 것이다.

제11장

독도의 지정학적 중요성

1. 독도는 군사적 요충지
2. 종군위안부의 고통
3. 망상어, 그리고 아귀와 메기

1. 독도는 군사적 요충지

독도는 대한민국의 국도로서 영토권의 중요성이 있나. 동해는 국제적으로 한국, 북한, 러시아, 일본으로 둘러싸여 있으나 중국도 북한의 두만강 수로를 통해서 동해로 진출하여 해군기지를 구축하고 있다. 따라서 여러 나라의 군사적 이해관계가 복잡하게 얽혀 있는 바다이다.

독도는 면적상으로 겨우 0.18㎢에 불과한 작은 바위섬에 불과하다. 그러나 국제적으로 긴요한 군사 요충지인 것이다. 동해는 107만㎢ 나 되는 큰 바다이고 깊이는 3,700m 이상 되는 심해로서 섬이 거의 없는 대해의 성격을 지닌다. 자연 지리적으로는 태평양의 한 부분이기도 한 내해이다.

동해의 북쪽으로는 한대의 오호츠크 해와 연결되어 있어서 한류의 영향을 강하게 받고 있다. 따라서 동해 북부 해역은 명태를 비롯한 각종 한대성 어류의 어장이 형성되는 해역이다.

이와는 대조적으로 동해 남부 해역은 북상하는 난류의 영향을 크게 받고 있어서 해양학적으로 독특한 해양 환경을 이루며, 수산학적으로는 난류성 어족이 대이동을 하면서 어장을 형성하는 해역이다.

독도는 동해 남부해역의 한 중앙에 위치하고 있어서 한일관계뿐만 아니라 이곳을 출입하는 여러 나라의 선박활동에 대해서, 첫째, 해황이 악화되거나 태풍이 발생될 때에 가장 가까이 피항할 수 있는 최적의 피항지 기능을 지니며, 둘째, 독도 인근의 해역에 펼쳐지는 대륙붕 해역, 즉 대화퇴를 비롯한 황금어장에 출어하는 어선들에게는 생활필수품을 조달하고 휴식처를 제공할 수 있는 기능이 있고, 셋째, 독도는 무엇보다도 군사기지로서의 기능이 아주 중요하다.

현대전쟁은 속전속결의 성격이 있으나 접근전 같은 대치국면에도 승패가 갈리는데 이러할 때 많은 병력을 유치하여 기항할 수 있는 기지가 필요하다. 다시 말해서 독도는 망망대해에 떠있는 바위섬이기는 하지만 이곳을 지나는 철새도 쉬어가는 중간 기착지의 중요한 역할을 하고 있다. 하물며, 군사적 대치가 불가피한 북한, 중국, 러시아, 일본, 한국 등의 해군의 전쟁에 있어서는 더 말할 여지없이 중요한 교두보 역할을 한다.

오늘날의 전쟁의 특성이라면 최첨단 과학기술을 활용하는 정보

전쟁이 승패의 관건이다. 다시 말해서 전자 정보가 전쟁의 요체이다. 상대방의 군사 정보를 신속하고 정확하게 입수할 수 있는 능력이 중요하며, 나아가서는 상대방의 정보망은 전자 교란으로 군사명령 체제를 혼란시키는데 성공하는 쪽이 승리한다.

그런데 이러한 정보를 쉽고 정확하게 얻을 수 있는 교두보가 필요하다. 따라서 현대전쟁은 광활한 영토를 관활하는 것보다는 긴요한 요새에 정보망을 구축하는 것이 우선이다. 이것은 상대방의 군사적 활동범위 즉 항공기의 움직임, 해군 선박의 움직임 나아가서는 잠수함의 움직임까지도 신속하게 포착할 수 있는 요충지의 확보가 필요한 것이다.

지피지기 백전불태知彼知己 百戰不殆는 상대방을 알고 우리 자신을 알면 백번 싸워도 위태롭지 않다는 옛말이다. 독도가 바로 이런 요충지에 해당되는 곳이다. 따라서 독도는 일본에게 더없이 귀중하게 군사적 생명줄처럼 보일 것이다.

최근에 북한이 일본의 영공을 지나 태평양쪽으로 로켓 발사를 하는 한편, 핵실험을 꾀하고 있어서 일본은 자위대의 강화와 북한의 군사 행동을 조속히 간파하고 긴밀하게 대응하는 전략에 고심하지 않을 수 없을 것이다. 따라서 긴급사태에 준한다면 일본은 독도를 어떻게 해서든지 이용하려는 욕심이 늘어날 것으로 예상된다.

일본으로서는 북한, 러시아, 한국 등에 대해 군사적 행동을 신속하게 견제할 수 있는 방어체제를 확충하려고 한다. 그뿐만 아니라 러시아와 중국의 함대들이 동해에서 펼치는 각종 작전을 아주 신속하게 간파할 수 있는 워치 타워가 독도인 것이다.

이러한 관점에서 일본은 끊임없이 독도를 분쟁화하려고 시도하고 있다. 그 대표적인 행태로는 시네마현이 2005년 3월에 다케시마독도의 날을 조례로 제정한 것을 들 수 있다. 이에 대응하여 우리는 2005년 4월부터 울릉도와 독도 사이에 여객선을 처음으로 출항시켜 관광적 차원에서 독도를 개방하였다. 또한 일본이 아사히 신문사의 경비행기를 독도 상공에 진입시키려고 할 때 우리나라는 전투기 4대를 출격시켜 이를 저지했고, 일본의 순시선이 독도 인근해역

동도에 설치된 등대, 관측소, 수비대 등의 여러 시설

에 접근했을 당시에는 우리 해군이 출동하여 이를 퇴치하였다.

일본은 1996년부터 우리와 200해리 배타적 경제 수역EEZ에 대하여 여러 차례 협의를 할 때마다 독도를 자신의 영토라고 주장하면서 독도와 울릉도 사이에 중간선을 제의한 바 있다. 또한 이런 틈새를 타서 일본은 우리의 EEZ 해역에서 탐사활동을 하였다고 한다. 이러한 행위는 한·일간에 영토 분쟁이 일어나고 있다는 것을 국제적으로 알리려는 시도라고 하겠다.

이때에 우리가 일본의 탐사선을 나포하여 우리의 법에 따라 처리하게 된다면 일본은 국제사법재판소에 독도 분쟁을 위촉하고 막강한 경제력을 이용해서 독도를 탈취하려는 시도를 하고 있는 것이다.

우리나라가 IMF와 같은 경제 공황과 실업으로 망연자실할 때에 일본은 일방적으로 한일어업협정을 파기하고 신 한일어업협정을 집요하게 주장하여 독도가 한·일간의 공동 수역으로 관철됨으로써 영유권 문제는 더욱 첨예화되었다. 광복 이후 70년 동안 우리는 독도를 관리해 왔고 일상적인 행정업무가 수행되어진 우리나라의 국토임을 잘 알면서 떼를 쓰는 것이다(김, 2007).

2. 종군위안부의 고통

전쟁은 인간이 견디기 어렵고 견딜 수 없는 최악의 상태이지만 지구상에 인간이 생겨나고 지금까지 전쟁이 없었던 때는 거의 없다. 인류사상 가장 악한 대학살을 들자면 수없이 많지만 그 중에서 나치 정권이 유태인을 대량 학살한 것이나 폴 포트가 공산 혁명으로 같은 민족을 대량 학살한 것, 그리고 스탈린이 전쟁을 통하여 엄청난 사람을 죽이게 한 행위는 어떠한 구실로도 용서를 받지 못할 일이다. 인간이 저지를 수 있는 가장 악한 죄악은 무고한 생명을 죽이고 인권을 유린하며 극한의 기아와 아픔과 고통을 안겨주며 갖은 질병과 상처에서 헤어날 수 없게 하는 전쟁이다. 전쟁을 일으키는 전범자는 가히 악의 화신이라고 하겠다.

1894년 조선의 지배권 다툼이었던 청·일 전쟁에서 승리한 일본은 러시아가 조선과 밀착하는 것을 빌미로 다시 러시아와 전쟁을 벌이고 승리하였다. 이러한 결과, 1910년 조선은 완전히 일본의 식민지가 되었고, 일본의 군국주의는 날로 강화되었다.

일본은 조선을 희생물로 삼아서 전쟁의 도구로 할 수 있는 모든 만행을 자행하였다. 전쟁물자 조달을 위해서는 전국 방방곡곡에서 공출이라는 명목하에 전쟁에 필요한 물자라면 무엇이든 강탈하여 갔다. 예로서 병기를 만드는 데 사용되는 놋쇠를 조달하기 위해서는 놋쇠 밥그릇과 수저까지도 싹쓸이로 거두어 갔다. 물질은 물론이고 조선의 젊은이들을 전쟁터의 총알받이로 내몰았으며, 여성들을 정신대라는 이름으로 마치 처녀공출을 하듯 강압적으로 성노예로 삼았다. 만 14세 이상 되는 어린 아이들까지도 데리고 갔다.

그 중 꽃다운 젊은 여성들을 위안부로서 강압한 것은 천인공로하지 않을 수 없는 만행이었다. 그러나 일본은 젊은 여성들이 기아와 굶주림의 고통에서 벗어나려고 자진하여 매춘 행위를 한 것으로 호도하고 있다.

일본은 1931년에 만주사변을 일으켰으며, 1937년에는 중·일전쟁을 일으켜서 대륙침략을 본격화하였다. 같은 해 말에 일본군은 중국의 남경을 점령하면서 민간인을 대량 학살하였고 여성들을 무차별로 강간하였다. 이러한 남경사건이 국제적인 여론을 악화시키자 군인들에게 강간과 성병확산을 막는 것이 시급하여 군위안소를 설립하여 군인의 사기진작을 목적으로 조선의 여성들을 대량으로 징집하였다. 그리고 1941년에는 미국의 하와이를 기습 공격함으로써 태평양전쟁을 촉발시키면서 2차 대전으로 확전하였다.

일본은 조선 여성의 종군위안부에게 일본군 병력이 주둔하는 여러 곳의 전쟁터, 즉 동남아시아의 여러 곳과 만주 일대의 위안소에서 일본 군인들의 성노예로 살게 강압하였다. 이들은 낮에는 사병들을 상대했고, 저녁에는 하사관들의 노리개였으며, 밤에는 장교들의 성접대의 노예 노릇을 하게 했다. 일본이 위안부의 문건을 모두 소각하여 위안부의 수효는 정확히 알 수 없지만, 일본군인 40명당 한 명, 또는 100명당 한명이었다는 설이 있다. 대략 이러한 기준으로 보면 징발된 한국 여성의 종군위안부는 무려 20만 명에서 28만 명에 이른다.

일본이 패전하자 동남아 각지에 있던 종군 위안부는 대개의 경우 생명을 부지하지 못하고 희생되었고 귀국하기에는 너무 부끄러워서 귀국조차 하지 못한 여성도 있다. 현재 생존해 있는 종군위안부의 수는 100여 명 미만으로 신고 되지 않은 경우도 있는 것으로 사료된다.

3. 망상어, 그리고 아귀와 메기

망상어*Ditrema temmeki* BLEEKER는 태생어로 수심 30m 정도의 얕은 바다에서 떼를 지어 산다. 독도 해역에서는 해조류 속에 서식하는 작은 수생동물 또는 새우 등을 섭식하며 군생한다. 망상어의 정소에서는 9월 초에 정자를 관찰할 수 있으며 12~1월경에 암놈의 뒷지느러미에 붙어 있는 수정관에서 정자를 찾아 볼 수 있다.

망상어는 새끼 번식을 위해서 5~6개월 동안 수정란을 체내에서 성장시켜 55~57mm나 되는 적지 않은 크기의 자어를 보통 10~30마리 출산하고 그냥 숨을 거둔다. 잉태기간이 5~6개월이나 되는 망상어의 자어는 5~6월에 태어나고 성장한다. 태어나서 1년 자라면 120mm의 크기가 되고 2년생은 170mm, 3년생은 230mm로 성장한다(정, 1977).

청정해역인 독도 연근해역에는 5~6월에 대번식을 하여 부유하는 모자반을 비롯하여 해중림으로 우점종의 자리에 있는 대황, 감퇴, 미역, 다시마 등의 군락 속에서 망상어의 일대기가 펼쳐진다. 이것은 자연현상이지만 대단히 아름다운 경관을 연출하고 있다.

어미 망상어는 출산하는 데 자신이 가지고 있는 모든 에너지를 완전히 소모하면서 탈진하여 맥없이 죽는다. 그러면 다른 어류의 먹이로 이용되거나 분해되어 자연의 순환과정을 따른다. 망상어의 출산 현장을 보게 되면 처절하게 눈물겨운 혼신의 노력을 하면서 새끼를 뱃속에서 내보낸다.

망상어와는 대조적으로 수중의 폭군으로 군림하는 아귀와 메기의 먹이 본능을 다소 살펴보면 다음과 같다.

아귀는 해산의 저서어류로서 입과 머리 부분이 대단히 큰 반면에 몸통과 꼬리는 보잘 것 없이 왜소하다. 몸체에 반점이 산재해 있으며, 색깔은 주로 검은 빛을 띠는 회색이며, 빛을 좋아하지 않아 바다 밑의 암초나 해조류 숲속의 어두운 곳에서 어슬렁거리며 생활하는 야행성 어류이다.

아귀는 커다란 입을 가지고 그 속으로 들어갈 수 있는 물고기는 모두 잡아먹는다. 아귀는 육식성 어류로서 밝은 곳에서는 가만히 있지만, 어둠 속에서는 야성적이고 민첩하다. 이齒가 작지만 날카롭고 촘촘하게 배열되어 있어서 다른 어류를 용이하게 섭생할 수 있다.

메기는 해산도 있고 담수산도 있다. 치어일 때는 3쌍의 수염이 나타나지만, 성어가 되면 2쌍을 가진다. 메기도 아귀와 마찬가지로 입이 대단히 큰 저서성 어류이며, 수명이 길어서 60여 년이나 생존할 수 있다. 빛이 있을 때는 운동을 정지하고 어두운 곳을 찾아

은신하지만, 어두운 곳에서는 섭식 행위가 대단히 민첩하고 야성적이다.

담수산인 경우, 홍수 때 범람으로 인하여 하천의 물가에 쓰러진 나무뿌리의 어두운 굴속은 메기나 뱀장어의 좋은 서식처이다. 메기는 색깔이 누런 갈색이거나 어두운 갈색을 하고 있다. 펄속, 진흙속, 모래밭 속 또는 물밑의 바윗돌이나 큰 돌 밑에서 다른 어류를 잡아 먹으면서 생활한다. 실제 수족관에서 메기를 길러 보면 이런 성격을 쉽게 관찰할 수 있다.

실험용 수족관에서 메기의 먹이로 살아 있는 붕어, 새우, 미꾸라지, 피라미 같은 것을 공급하면, 메기의 포식성은 놀라울 정도로 난폭하다. 어두운 밤에 일어나는 섭식 활동을 관찰하면, 놀라울 정도로 맹렬하다. 때로 메기는 물속에서 튀어 오르는 힘이 강해서 수족관의 덮개를 떨어 뜨리고, 자신도 땅바닥으로 떨어지는 난동을 한다.

메기 집단만을 하나의 수족관에 모아 놓으면 먹이가 부족할 때 큰 것이 작은 것을 강력하게 공격한다. 큰 메기가 작은 메기를 삼키려는 섭식 행위가 끊임없이 일어나서 작은 것은 살아남지 못한다. 이런 사실은 연못 같은 수계에서도 메기나 가물치 같은 공격성 어류가 자생하면, 작은 어류의 풍성한 번식은 기대할 수 없다.

아귀나 메기처럼 태어나면서부터 입이 큰 것을 무기로 '먹이 본능'이 노골화된 것도 있지만, 해양 생태계의 수많은 생물들은 독자적으로 서식하고 있는 것같이 보이지만 실제로는 직접 또는 간접적으로 서로 먹고 먹히는 먹이망이 구축되어 있다.

이것은 강대국이 약소국을 먹어 치우거나 괴롭히는 짓거리와도 다르지 않다. 일제시대의 36년 동안 우리 국민이 한없이 고통을 당하며 스러져간 사실과도 비슷하다. 지금도 국제적으로 이와 비슷한 현상이 사라지지 않고 있음을 직시해야 할 것이다.

사람이 사는 세상에서도 먹거리의 본능에는 고관대작이나 평범한 사람들이나 차이가 없다. 체면과 예의범절이 있고 격식이 있는 군자에게도 배가 고프면 어쩔 수 없는 먹이 본능이 나타나 이성을 잃기 마련이다.

속담에 "아귀 귀신처럼 먹는다"는 말은 아귀의 무차별한 섭식을 의미하는 말이다. 또는 어둡고 음침한 환경에서 강자가 약자를 공격하는 동물의 먹이 본능을 표현하는 말이기도 하다.

다시 말해서 이성이 배제된 상태에서 일어나는 야만 행위를 지칭하며, 독식 또는 패거리끼리만 먹어 치우는 욕심을 꼬집어 표현하는 것이기도 하다. 때로는 피터지게 싸우는 무법천지를 말한다.

사회 규범이 정착되지 않은 불안정한 사회일수록, 불의가 만연된 사회일수록, 심지어 대학 같은 지성인의 사회에서도 노회老獪한 패거리가 승勝할수록 아귀귀신들이 판을 친다. 사람이 지닌 덕목이나 지성은 접어두고 소의小義가 대의大義를 외면하는 현장이다. 그래서 옛날부터 탈리오의 법칙이 생겨났고 악을 악으로 갚지 말라는 계명이 나타난 것이다.

제12장

독도 연구는 국가 발전의 초석

1. 독도 연구는 국가발전의 초석
2. 독도 연구의 활성화 방안
3. 독도에 대한 사실과 공생 공략의 길

1. 독도 연구는 국가발전의 초석

독도 연구는 동해 남부 해역의 조그만 돌섬인 독도로만 볼 것이 아니라 동해의 중심이 독도라는 관점에 초점을 맞출 필요가 있다.

동해는 107만km^{2}가 넘는 방대한 공간이며 심해의 성격으로 볼 때에 수량적으로도 막대하다. 동해를 하나의 물이 담긴 해양 분지 basin로 보았을 때, 그 가운데 오뚝하게 서 있는 독도를 조명하는 것은 국제적으로 관심을 끌 수도 있다. 실제로 우리나라는 이러한 프로젝트를 구상할 수 있는 아이디어도, 실험을 수행할 수 있는 인프라도 결핍되어 있는 상태이다.

다른 한편으로 연구 환경이 어느 정도 완비된다고 해도 같이 장단을 맞추어 춤을 추어주는 국제적인 파트너가 있어야 한다. 공동연구에 참여해야 할 국제적인 파트너 중의 하나는 일본이다. 독도 연구라는 기치하에 감정적으로 이해가 상반되는 연구에 일본의 학자들이 참여할 가능성은 거의 없다. 남의 나라, 남의 마당에 와서

덩달아 춤을 출 만큼 일본사람들이 멍청하지 않다.

여기에 우리의 고민과 지혜가 필요하다. 어떠한 방법이든 이들이 참석하여 같이 연구하는 분위기를 만들어야 한다. 이들에게도 절실하게 필요로 하는 학문적인 성취감을 느낄 수 있도록 해 주는 역량이 필요한 것이다. 그런 보람이 있어야 일본의 해양학자들이 공동 연구로 참여할 것이다.

이와 같은 난제를 해소하기 위해서는, 우리와 일본 사람과의 차이를 생각해 볼 필요가 있다. 그들의 언어는 구조상으로 우리의 한글만큼 유연하고 부드러우며 뛰어나지 못하다. 나아가서는 국제 공용어인 영어 등의 구사에 있어서도 우리의 능력이 원활한 편이다.

따라서 우리는 국제적 언어 능력을 잘 발휘하여 일본과 경쟁해서 국제화에서 한발 앞서 나갈 수 있는 장점을 살려야 한다. 바로 이런 관점에서 공동 연구를 수준 높게 수행하면서 국제화하는 것은 학문적으로 성공하는 방법이 될 것이다. 그러나 우리에게는 아직 이만한 학문적 수준이 되지 않고, 국제 감각이 일본보다 우수하다고 할 수 없다.

세계적으로 해양과학을 연구하는 기관은 광범위하게 많다. 학술지를 발간하는 해양기관과 대학의 해양 연구소는 전 세계에 2000여 곳은 된다. 이들은 해양과학에 대한 자료를 축적하며 학문적 교류를 실현하고 있다.

우리는 이러한 국제적인 흐름을 간파하고 독도와 동해 연구에 대한 논문을 정기적으로 자연스럽게 배포하면서 세월의 흐름 속에 연구 역량이 쌓이게 하는 것이 국위선양일 뿐만 아니라 독도를 확고하게 지키는 중요한 방법이 될 것이다.

이것은 독도 연안에 항만을 건설하고 좋은 호텔를 건축하는 것보다 더 효과적인 독도 수호의 방안이며 초석이 될 수 있다. 독도에는 경비대가 상주하고 있으며, 주민도 있다. 그러나 일본은 불법점유라고 떼를 쓰고 있다. 독도에 대한 영유권은 무엇보다도 국제적인 증빙자료, 즉 연구논문의 축적이 실용적이다.

2. 독도 연구의 활성화 방안

독도에 대한 가장 중요한 연구는 무엇보다도 해양 연구라고 하겠다. 독도 근해의 해류, 즉 쿠로시오 난류 또는 리만 한류 같은 해류의 연구는 아주 기본적인 것이다. 그리고 이 해역의 핵심적인 연구는 무엇보다도 해양 생물에 대한 연구라고 하겠다. 독도 연구의 방향과 실험 방법은 「독도와 동해 연구」(김, 2007)에 기술한 바 있다.

독도에 대한 연구의 시말을 다소 살펴보면, 지금부터 2-30여 년 전, 즉 1990년대 전후의 시기에는 독도 연구 계획은 여러 가지 시대 정황상 실행할 수가 없었다. 실제로 독도를 개방하여 다니게 된 것은 2000년대 가까이 되어 포항과 울릉도를 다니는 여객선이 관광객을 태우고 독도를 선회하는데서부터 왕래의 물고가 트였다.

평화스러운 독도의 모습

그러나 해양 연구를 위하여 왕래하는 것은 별개의 사안이었으며, 정기적인 해양 실험을 한다는 것은 불가능한 일이었다.

독도는 지리적으로 멀고 심해이기 때문에 대학 수준의 연구 능력으로는 접근할 수 없었으며, 연구기반이 취약하여 실험 데이터를 축적하기에는 역불급이었다.

그럼에도 2000년대 이전에 해상 실험을 거의 4계절에 맞추어 실행하면서 몇 가지 중요한 수문학적 파라미터를 조사한 것은 그 당시로서는 획기적이라고 하겠다. 더불어 기후요인과 해류에 대한 내용도 다소 파악하여 고찰하였다.

열악한 연구 기반과 환경여건은 물론이며, 숙련되지 않은 극소수의 연구 인력으로 정기적인 해양 연구를 실행하는 것은 불가능했다. 바로 이러한 절실한 현안을 범국민적 판단으로 연구의 불씨를 살려내는 것은 중요하다. 상당한 세월이 지난 지금도 우리에게는 독도연구를 정착시키는 데는 더 많은 시간과 노력이 필요할 듯하다.

독도의 해양 연구는 훈련된 연구팀을 구성하는 것이 관건이지만, 학문적 경륜과 국제성의 부족은 물론이고 독도에 대한 핵심적인 안목이나 비전이 서있지 않다는 것이 바로 독도 연구의 총체적인 취약점이라고 하겠다. 해양학적 국력이 신장되려면 무엇보다도 해양과학 기술의 발전이 필수적이다. 현금의 독도와 같이 국제성이 있는 미묘한 사안에 있어서는 해양학적 연구로 범세계적인 관심을 끊임없이 이어가는 것이 중요하다. 이러한 국가적 사명은 이 분야에 내실 있는 대학의 해양 연구소가 맡는 것이 합리적이고 경제적이다.

어느 나라든 국가적으로 긴요한 분야에 있어서는 특성화로 대응하는 것이 당연하다. 우리나라도 지역적 적합성을 판단하여 그러한 분야를 육성해야 한다. 독도 연구는 여러 기관에서 다양한 학문영역으로 참여할 수 있지만, 실제로 가장 핵심적인 분야는 해양이며 쉽게 접근하기가 어렵다. 무엇보다도 끊임없이 논문을 생산해낼 수 있는 해양 학자를 발굴해야 하며, 이를 뒷받침해주는 연구기관

자연스럽고 자유로운 독도

이 필요하다.

다시 말하자면 그 지역, 그 상황에서 가장 뛰어나게 국가 발전과 국력을 보위하는데 필요한 양심적인 학자가 있어야 하며, 견인차적인 연구기관이 있어야 한다.

그야말로 이름도 없고 성도 없어 보이는 허름한 듯하나 내실이 있는 연구기관이 제격이다. 국립 연구기관도 아니고, 국립대학도 아닌 어느 지방 대학의 해양 연구소라면 족할 듯하다. 그러나 독도 연구에 전폭적인 지원이 이루어 질 수 있는 시스템이 구축되면 안성맞춤이라고 하겠다.

우리나라 대학의 실정을 다소 살펴보는 것도 참고가 되리라 생각한다. 우후죽순격으로 설립된 대학은 학문의 다양한 분야를 백화점식으로 나열하기 위해서 증원과 학과 설립에 안간힘을 쏟았다. 심각한 방향 착오가 아니면 가공할 만한 후유증이 따르고 있는 현실이다.

대학의 기능이 우수하게 되기 위해서는 우선 유능한 교수를 영입하여 연구 분위기를 진작시키고, 활발하게 연구 활동을 하게 하는 것이다. 예로서, 미국에서 학교 위상을 바꾸는 데는 재정적 뒷받침 속에, 스타급의 저명한 교수의 영입과 함께 획기적인 면학 분위기를 조성하고, 기존의 교수들이 원활하게 신진대사로 교체되는 데는 30여 년이 걸리며, 이러할 때 그 대학은 한 등급의 발전을 이룩했다고 평가된다.

어느 분야든 마찬가지이지만 해양과학의 인재양성은 쉬운 것이 아니다. 넘쳐나는 대학들, 넘쳐나는 인재들이 어디에 있고 무엇을 하고 있는가? 경쟁력 있는 논문의 생산에는 상당한 기간이 걸리지 않을 수 없다.

3. 독도에 대한 사실과 공생 공략의 길

일본과 영유권 분쟁에 휘말려 온 국민의 관심이 집중되고 있는 독도는 이미 삼국시대서기 512년 지중왕 13년부터 우리나라의 땅으로 편입된 국토이다.

옛날에 독도는 육지에서 너무 멀리 떨어져 있어서 발길이 거의 미치지 못한 무명의 섬이었다. 그러나 이러한 특수한 악조건 속에서도 독도를 굳건하게 지켜온 사람들이 있었으니 바로 이사부異斯夫, 안용복安龍福, 홍순칠洪淳七, 최종덕崔鐘德 같은 선각자들이었다. 이들이 없었다면 우리는 지금 독도 땅을 밟을 수 없었을지도 모른다.

일본은 2008년 2월부터 또 다시 끈질기게 '독도는 일본땅'이라는 홍보활동을 펼치고 있어서 적절한 대응이 불가피하다. 이러한 것은 노무현 정부 출범 때에도 있었지만 이명박 정부가 출범하고 있는 시점에 문제를 제기했던 것은 우호선린을 표방하는 정부에 찬물을 끼얹는 것과 다름이 없었다. 일본은 독도에 대하여 떼를 쓰면 얻을 수 있는 것으로 착각하고 있는 듯하다.

세월이 흐를수록 독도에 대한 우리 민족의 끊임없는 사랑은 활기차게 열기를 더해 가고 있다. 독도는 1904년 러·일전쟁에서 일본이 승리하고 1905년 일본은 독도의 중요성을 간파하고 일본 땅으로 편입하였고, 1905년 광무 9년에는 을사늑약의 체결로 한반도 전체가 일본의 속국으로 전락되었다. 이 과정에서 결정적인 역할을 한 역적이 바로 을사오적乙巳五賊으로, 그들은 내부대신 이지용李址鎔, 군부대신 이근택李根澤, 외부대신 박제순朴齊純, 학부대신 이완용李完用, 농공상부대신 권중현權重顯이다. 이러한 치명적인 침략을 받아 오늘날까지도 대한민국이 지구상에서 유일한 분단국으로 아픔을 지니는 것이다. 독도에 대하여 현대판의 을사오적은 없는지 성찰해볼

만하다.

현재 수많은 관광객이 몰려들어 독도 본연의 자연이 훼손되고 있다. 독도의 독특한 자연환경의 관리 시스템을 개발함으로써 더 이상의 자연 파괴를 막아야 한다. 무분별하고 과도한 개발이나 과잉보호는 있는 그대로의 독도자연을 파괴하는 것이다. 현 시점에서 독도 수역에 대한 해양 동·식물의 생태 환경을 지속적으로 조사 연구하는 것은 국력을 기르는 기본이며 일본과의 독도 영유권 분쟁을 불식시키는 노력이 될 것이다.

상대방을 알고 자기 자신을 알면 전쟁에 나가서 패하지 않는다는 말이 있다. 다시 말해서 우리는 우선 일본을 잘 알아야 하고, 그리고 우리 자신의 위치를 잘 알아야 한다. 현재 우리가 일본을 극복하는 데는 많은 노력이 있어야 한다. 정신적인 무장을 하고, 와신상담의 절제된 노력이 필요하다. 무엇보다 불확실하거나 허무맹랑한 사실이나 감정에서 벗어나 과학적이고 합리적인 사고에 근거하여 우호선린 관계를 확립해 나가야 한다.

이웃하는 일본과는 과거의 모든 문제에서 벗어나 미래지향적으로 우호선린의 새로운 장을 여는 지혜와 자세가 필요하다. 일본은 유엔을 통해서 세계 평화에 기여하겠다는 면모에 맞도록 자세를 가져야 마땅하다.

참고문헌

김기태, 1983, 독보적인 해태의 영양분,『현대해양』, 156 : 61쪽.

김기태, 1984, 적조현상(Red Tide),『자연보호』, 7(1) : 18~19쪽

김기태, 1984, 적저현상(Red Tide),『자연보호』, 7(2) : 14~15쪽.

김기태, 1989, 동해는 어떻게 활용되고 있는가,『현대해양』 228: 62~66.

김기태, 1989, 바람, 물꽃, 어황,『현대해양』 231: 74~78.

김기태, 1990, 어느 어촌의 자연환경 조사－영일군 장기면의 경우,『현대해양』 241: 36~40.

김기태, 1991, 경북의 어촌과 관광개발,『어항』 16: 84~85.

김기태, 1991, 동해 남부역에 해양연구소를 세우자,『현대해양』 259: 81~87.

김기태, 1992, 동해의 잠재력과 연구의 필요성,『현대해양』 264: 26~27.

김기태, 1992, 해양 생태계와 Blue Belt의 조성,『수산계』 40: 84~89.

김기태, 1992, 대게 자원의 보호,『자연보호』 15(5): 23~25.

김기태, 1992, 경북의 양식 어업과 그 전망－바다를 양식장으로,『새어민』 294: 126~ 129.

김기태, 1992, 연안어장의 자원번식과 보호－인공어초로 먹이사슬을 만들어줘야 자원이 늘어난다,『새어민』 295: 119~121.

김기태 외, 1992, 2000年代 東海岸 沿岸漁場 開發에 對한 基礎 海洋環境 調査,『경상북도 연구보고서』, 1~172.

김기태, 1992, 東海 南部 海域의 硏究, 영남대 출판부, 1~260.

김기태, 1995, 북극권의 自然과 生物,『현대해양』 303: 44~48.

김기태, 1996, 동해의 심해자연과 해양생물,『새어민』 333: 130~133.

김기태, 1996, 독도의 해양 생태,『주간한국』 1635: 46.

김기태, 1996, 독도의 수비약사와 자연,『현대해양』 318: 128~131.

김기태, 1996, 울릉도·독도 해역의 어업과 해양 생태,『현대해양』 319: 90~93.

김기태, 1997, 깨끗한 바다 가꾸기 韓日共同硏究－영일만과 이에 인접한 동해역의 해양 생태학적 조사연구, 『경상북도 연구보고서』, 1~373.

김기태, 1999, 건강과 바다, 양문, 1~268.

김기태, 2000, 독도의 바다자연과 국토관리, 『어항』 53: 70~72.

김기태, 2002, 독도의 자연보호와 영토권, 『현대해양』 384: 72~75.

김기태, 2003, 해양 생물학, 영남대 출판부, 1-245.

김기태, 2007, 독도와 동해 연구, 탐구당, 1~239.

김기태, 2008, 세계의 바다와 해양 생물, 채륜, 1~462.

김기태, 2009, 독도 제대로 알기 - 독도의 명칭과 기후 요인, 「News post」 16-17.

김기태, 2009, 독도 제대로 알기 - 독도의 해류, 「News post」 16-17.

김기태, 2009, 독도 제대로 알기 - 독도의 수문학적 성격, 「News post」 16-17.

김미경, 김기태, 2000, 울릉도 독도의 해조류연구: 1. 해조류의 종조성 감소와 해조상의 변화, Algae, 15(2): 119-124.

독도연구보존협회, 1998, 독도인근해역의 환경과 수산자원보존을 위한 기초연구, 독도 연구 총서, 4: 1-254.

정문기, 1977, 한국어도보, 일지사, 1-727.

정지안, 조은영, 차재훈, 김미경, 김기태, 2000, 울릉도와 독도 근해해역의 이·화학적 특성과 광합성 색소의 계절적 변화, Korean J., Environ, Biol., 18(4): 424~440.

KIM K.-T., 1979. Contribution à l'étude de l'écosystème pélagique dans les parages de Carry-le-Rouet (Méditerranée nord-occidentale). 1. Caractères physiques et chimiques du milieu. Téthys, 9(2) : 149~165.

KIM K.-T., 1980. Ibid. 2. ATP, pigments phytoplanctoniques et poids sestonique. Téthys, 9(3) : 215~233.

KIM K.-T., 1980. Ibid. 3. Composition spécifique, biomasse et production du microplancton. Téthys, 9(4) : 317~344.

KIM K.-T., 1981. Le phytoplanction de l'étang de Berre: Composition spécifique, biomasse et production: Relations avec les facteurs hydrologiques, les cours d'eau afférents et le milieu marin voisin (Méditerranée nord-occidentale). Thèse Doctorat d'Etat Univ. Aix-Marseille II, 1~474.

KIM K.-T., 1982. Un aspect de l'écologie de l'étang de Berre (Méditerranée nord- occidentale): les facteurs climatologiques et leur influence sur le régime hydrologique. Bull. Musée Hist. nat. Marseille, 42 : 51~68.

KIM K.-T., 1982. La temperature des eaux des étangs de Berre et Vaine en relation avec celles des cours d'eau afférents et de milieu marin voisin (Méditerranée nord-occidentale). Téthys, 10(4) : 291~302.

KIM K.-T., 1983. Production primaire pélagique de l'étang de Berre en 1977 et 1978. Comparaison avec le milieu marin (Méditerranée nord-occidentale). Mar. Biol., 73(3) : 325~341.

KIM K.-T., 2001. Marine ecosystem of Dokdo and Ullŭngdo Islands. Korean J. Ecol., 24(4) : 245~251.

KIM K.-T., 2002. Biological characteristics and preservation of Dokdo Island. Korean J. Ecol., 25(l) : 59~62.

KIM K-T., 2004. Principale relations between biomass and production of phytoplancton and physicocheimical factors in two eutrophic lakes of the Mediterranean Sea. Korean J. Environ. Biol. 22(1) : 227~232

KIM K.-T., 2004. Ecosystème de l'Etang de Berre (Mediterranée nord-occidentale) : caractères physiques, chimiques et biologiques. Korean J. Environ. Biol. 22(2) : 247~258.

KIM K.-T., LEE H.C., YOO K.I., PAIK E.I., LIM K.B., PARK S.R., LEE D.C., YOON Y.Y., KIM I.G., CHOI E.J., AHN Y.H., 1988. Ecosystem on the Gulf of Yeong-il in the East Sea of Korea. 1. Introduction of physio-chemical and biological studies. Marine Nature, 1 : 59~67.

KIM K.-T. et TRAVERS M., 1995. Utilité des mesures dimensionnelles et des calculs de surface et biovolume du phytoplancton : comparaisons entre deux ecosystèmes différents. Marine Nature, 4 : 43~71.

KIM K.-T. et TRAVERS M., 1995. Apport de l'étude des chlorophylles et phéopigments à la connaissance du phytoplancton de l'étang de Berre et des eaux douces ou marines voisines (Méditerranée nord-occidentale). Marine Nature, 4 : 73~105.

KIM K.-T. et TRAVERS M., 1997. Les nutriments de l'étang de Berre et des milieux aquatiques contïgus (eaux douces, saumâtres et marines ; Méditerranée NW). 2. Les nitrates. Marine Nature, 5 : 35~48.

KIM K.-T. et TRAVERS M., 1997. Les nutriments de l'étang de Berre et des milieux aquatiques contïgus (eaux douces, saumâtres et marines ; Méditerranée NW). 4. Les nitrites. Marine Nature, 5 : 65~78.

KIM K.-T., YOON Y. Y., CHOI E. J., LEE D. C., PARK S. R., AHN Y. H., 1988. Ecosystem on the Gulf of Yeong-il in the East Sea of Korea. 2. Climatical factors : temperature, insolation, evaporation, winds, precipitation, 69~86.

TRAVERS M. et KIM K.-T., 1985. Comparaison entre plusieurs estimations de biomasse phytoplanctonique dans deux milieux très différents. Rapp. Comm. int. Mer Médit., 29(9) : 155~157.

TRAVERS M. et KIM K.-T., 1997. Les nutriments de l'étang de Berre et des milieux aquatiques contïgus (eaux douces, saumâtres et marines ; Méditerranée NW). 1. Les phosphates. Marine Nature, 5 : 21~34.

TRAVERS M. et KIM K.-T., 1997. Les nutriments de l'étang de Berre et des milieux aquatiques contïgus (eaux douces, saumâtres et marines; Méditerranée NW). 3. Rapport N/P(N-NO3 / P-PO4). Marine Nature, 5 : 49~64.

TRAVERS M. et KIM K.-T., 1997. Les nutriments de l'étang de Berre et des milieux aquatiques contïgus (eaux douces, saumâtres et marines ; Méditerranée NW). 5. Les Silicates.

Marine Nature, 5 : 79~91.

YOON H.J., LEE D.C., KIM K.-T., 1998. Phenomena of Temperature inversion in the East Sea of Korea. Marine Nature, 6 : 67~73.

에필로그

- 바다 자연, 멸치와 고래
- 둥글게 살자
- 동물의 세계
- 아름다운 마음
- 수수깡 인생
- 에어 프랑스
- 객고

바다 자연, 멸치와 고래

멸치*Engraulis japonica*는 우리나라의 바다에 비교적 풍부하게 서식하는 어종이다. 우리나라에서 생산되는 멸치는 수명이 1년이며, 성어의 크기는 10~12cm 정도이다. 체구는 작아도 원양성이며, 난류성 어종이다. 이들은 수심 200m정도의 대륙붕 수역에서 플랑크톤을 섭식하며 서식하다가 산란을 하기 위해서 연안 역으로 회유한다. 산란 시기는 주로 수온이 20~25℃인 시점인데, 5월에서 7월 사이이다. 알의 모양은 타원체로 장축이 1mm 정도이며, 갓 부화된 치어는 2~3mm에 불과하고, 6개월이 지나면 8cm 정도로 성장한다.

말린 멸치는 60% 이상이 단백질이다. 반면에 지방질은 다소 들어 있고, 탄수화물은 하나도 들어 있지 않다. 멸치의 영양 특성은 칼슘과 철분이 많이 들어 있다는 점이다. 또한 비타민 A가 많이 들어 있으며, 비타민 B군의 나이아신도 많으며, 다른 것도 고르게 들어 있다.

우리가 먹는 멸치는 흡수가 잘되는 칼슘Ca^{++}을 다량 함유하고 있다. 실제로 멸치의 뼈는 주로 인산칼슘으로 구성되어 있어서 체내 흡수가 그리 원만한 것은 아니다. 그러나 내장까지 먹기 때문에, 내장에 들어있는 비타민 D가 칼슘의 체내 흡수를 돕는 작용을 한다. 따라서 멸치는 칼슘분을 원활하게 보급함으로써 노화 현상으로 쉽게 일어날 수 있는 골다공증이나 골연화증을 미연에 예방할 수 있게 한다.

멸치는 철분도 다량 함유하고 있다. 형태상으로 '햄철'을 이루고 있어서 체내의 흡수율이 대단히 우수하다. 철분은 헤모글로빈의 구성 성분이어서 부족하면 현기증을 비롯하여 여러 가지 결핍증을 유발한다. 멸치는 다양한 양질의 영양분을 지닌 완전식품으로서 우리의 식생활 구석구석 자리 잡고 있다(김, 1999).

멸치자원에 대하여 다소 언급하자면, 우리나라의 동해와 남해에서는 질이 우수하고 맛이 좋은 멸치가 풍부하게 어획된다. 그러나 1995년의 경우에는 멸치 어획량이 평년의 삼분의 일로 감소되었고, 가격은 폭등하였다. 그 원인은 지난 여름에 동해와 남해에서 발생된 유류오염과 적조현상에 따른 해양오염으로 생태계가 변천되었기 때문이다. 또 다른 해양오염의 상습적인 원인은 전 국민이 내놓는 생활폐수와 공장의 산업폐수가 바다로 흘러 들어가 바닷물을 오염시키기 때문이다.

고래는 지구상의 생물 중에서 가장 크다. 청고래, 멸치고래, 수염고래, 지느러미고래, 회색고래, Orca, Narwhal, Beluga 등 여러 종류가 있다. 이들은 형태와 크기에 있어서 많은 차이가 있다. 고래에 대하여는 많은 이야기가 있다.

허먼 멜빌의 <백경>은 고래에 대한 모험 소설로서 명성이 있고, 존 스타인백의 <분노의 포도>를 배경으로 하는 미국 서부의 몬트레이市는 고래잡이의 기지였다. 미국 동부의 우즈홀Woods Hole 근해는 지금도 고래의 회유를 관찰할 수 있는 관광지이다.

노르웨이나 알래스카에서는 고래잡이를 생업 또는 산업으로 삼고 있었다. 그리고 우리나라 동해 남부 해역의 장생포도 고래잡이가 성행하였던 곳인데,

지금은 대단히 드물게 정치망 어장에 작은 고래가 들어가 어부들을 신명나게 하는 때도 있다.

우리나라 동해에서 어획되는 고래는 주로 밍크고래로서, 영어로는 Mink whale, Little finner 또는 Little piked whale이라고 부르며, 학명은 *Balaenoptera acutorostrata*이며, 북방쇠정어리고래라고도 한다.

고래의 번식을 위해서 오랫동안 어획이 금지되어 있었기 때문에 지금은 고래자원이 꽤 늘어났다. 따라서 정치망 어장에서 가끔 어획되고 있다.

고래는 부위에 따라 고래회, 고래육회, 고래수육 등 여러 가지 방법으로 먹는데 영양이 아주 좋다. 또한 고래는 부위에 따라 칼로리의 차이가 많은데, 고래의 복부지육의 경우에는 지방의 함량이 40% 가까이 되며 단백질도 25% 이상이나 된다. 일반적으로 고래고기는 열량이 높은 편이며, 비타민 A가 비교적 많이 함유되어 있다.

고래 중에서 청고래Blue whale는 몸체가 커서, 무려 165톤에 이르는 기록적인 것도 있다. 이 고래는 여름철에 북극해로 먹이를 찾아 이동한다. 청고래는 크릴새우를 선호하여 탐식한다. 크릴새우는 남극 바다에 무진장에 가깝다. 우리나라의 농산물의 연생상량은 700만 톤약 5000만석인데, 남극 바다에 서식하는 크릴새우의 현존량은 무려 15억 톤이라는 추산이 있다. 청고래의 새끼는 매일 500kg 이상의 모유를 먹으며 시간당 4kg 정도의 체중을 늘리며 대단히 빠른 속도로 성장한다.

해양 생물이 급격히 감소하고 있다. 멸치는 해양오염으로 생산량이 급속히 줄어들고 있으며, 고래는 남획으로 씨가 말라 가는 실정이다. 고래 사냥을 생업으로 삼고 있는 북극권의 사람들에 의해서 고래자원의 고갈은 더욱 심화되었다. 지난 50년 동안 200백만 마리 이상의 고래가 어획되었다. 이제 바다에는 고래가 별로 많이 남아 있지 않다. 고래 중에서 Northern right whale은 지구상에서 현재 400여 마리밖에 남아 있지 않아 희귀종으로 보호를 받고 있다.

수염고래Bowhead whale도 약 2000여 마리 정도가 북극해에 생존하고 있을 뿐이다(김, 1995).

둥글게 살자

한 세상 살아가는 데 무엇이 그리 필요하랴
목구멍에 풀칠만 하는 돈이라면
몇 푼이나 되겠는가

사람마다 도토리 키재기를 하며
잘 났다고 서로 비교하지만
값으로 따지면 얼마 나가랴.

근심 걱정하지마라
그 돈이 그 돈이고
그 땅이 그 땅이다.
세상이 변한 들
얼마나 변하겠는가.

세상만사가
손바닥의 손금이 아니더냐.

그래도,
보이지도 잡히지도 않는 마음은
산을 넘고 창공을 지나며
광활한 바다를 건너
온 우주를 덮고도 남는다.

동물의 세계

사람은 생물의 세계를 조사, 관찰, 연구하는 뛰어난 재능을 발휘한다. 그리고 능소능대能小能大한 솜씨를 발휘하여 그들을 분류, 정리, 해설하면서 자기도취에 빠진다. 우리들 가까이 혹은 멀리 자연 속에 노니는 각종 동물을 보라.

송아지, 망아지, 토끼, 늑대, 고양이, 생쥐, 하루살이, 모기, 사자, 고래, 새우, 상어, 악어…. 이것은 무작위적인 나열에 불과하지만, 마치 시이튼의 동물기나 파브르의 곤충기에서처럼 갖은 익살과 해학이 넘치는 구수한 이야기가 연상되어 엉켜 있다.

이들의 사회란 무분별 속에 잔인, 표독스러운 장면이 연출되기도 하고, 앙큼스러운가 하면 불꽃 튀는 정열과 사랑이 교환되기도 하고, 간교하고 극악스러운가 하면 천연스럽기도 하고, 상극이면서 서로 공생하고 순간을 살면서 강인한 생명력을 발휘하기도 한다.

이들은 주로 먹고 생식하기 위한 단순한 행위 속에 물고 싸우며, 꼬리를 살랑거리며, 발정이라도 하면 암내를 풍기며, 기고만장한 본능을 표현한다. 그야말로 속성 그대로 자연스럽게 살아가고 있다. 그들의 성격이 어떠하든 이들 하나 하나는 아름다운 대자연의 소중한 구성원인 것이다.

하늘을 나는 새들도 그 넓은 공간에서 자기가 지키는 영역이 엄격히 있다. 때로 침입자가 생기면 각축전이 일어나서 그 작은 새 대가리의 어느 한쪽은 깨어지고 피를 흘린다. 흔한 예로, 닭의 텃세를 보라. 낯선 친구가 나타나기만

하면 옆에 있는 암탉을 보호하는 한편, 깃을 세우고 싸움이 벌어진다. 주둥이로 쪼고, 발톱으로 할퀴으로 털을 뽑고, 벼슬을 찢고, 사생결단 치열한 공방전이 일어난다.

온몸에 피가 낭자하고, 때로 눈을 찔려서 애꾸가 되기도 한다. 그래도 성깔이 가시지 않으면 침식을 금하고 굶어 죽기도 한다. 하등한 새 대가리의 지능을 조롱함은 인지상정人之常情의 인간 자만일지도 모른다!

만물의 영장이라고 하는 인간*Homo sapiens*에게도 언어, 습성, 교육, 문화, 종교, 감성 등의 성격이 천차만별 다양하다. 그래서인지 이 조그만 지구 위에서 유사 이래 편한 날이 없이 서로 치고 받고 싸우기 위해서 간교한 지능을 더해 가고만 있다.

가령, 자연의 어느 절대자가 있어 검둥이, 흰둥이, 노랭이하며 나누기도 하고, 또 그의 선악 기준에 따라 이 많은 인종 중에 쓸 만한 것, 몇 마리나 있나 한다면 인간들은 모두 아연실색啞沿失色, 고소를 면치 못할 노릇이다.

아름다운 마음

인간사 바람 같아
덧없는 일장춘몽一場春夢.

날새면 바뀌고
해가 쌓이고 쌓이면
변하여 사그라진다.

바위에 이름을
각인한 들
천년 만년 갈 것인가.

날새고 없어지는 것이나
천년 후에 사그라지는 것이나
그것이 그것이다.

오로지,
손가락 깨물고 약속한
순백하고 아름다운 마음
시공時空에 부서지지 않으려나.

수수깡 인생

저, 엉겨붙는 눈빛을 보라
홀로 서지도 못하고
혼자 앉지도 못하고
혼자서는 먹지도 못한다.

수수깡처럼 서로 엉겨 붙으면
꺼벙하게 자리를 잡고
바람이 부나
햇빛이 나나
태풍이라도 오려나
혹은 무슨 선거철이라도 되려나
사방을 살핀다.

누가 먼 발치에서 스치기만 해도
반가워서
허약해서
눈짓, 입짓, 손짓하면서
엉겨붙는 수다로

아로선을 친다.

그러면
수수깡은 엉겨붙고
신사는 손을 들어 답한다.

에어 프랑스

지금부터 사십여 년 전 대한항공이 파리에 취항하기 전의 이야기이다. 5·16 군사혁명이 끝나고 한창 재건을 하느라고 구슬땀을 흘리던 시절이기도 하였다. 또한 먹고 사는 일이 극히 어려웠던 빈한의 시절이었다.

한불 과학기술협정이 체결되고 프랑스 정부장학생으로 선발되어 도불을 하게 되었다. 이것은 마치 우물 안의 개구리가 밖으로 나가 대기의 차오르는 생명감과 자연의 기운을 받으며 살 수 있는 설레임 같은 것과 비유될지 모르겠다.

프랑스 정부장학생이라는 선발 시험은 인터뷰로 행하여져서 단시간에 많은 준비를 했어도 의사 표현을 한다는 것은 어림도 없었다. 어떻게든 프랑스어 공부를 열심히 했지만 한마디도 알아듣지 못하고 면접시험을 치룬 것이다. 의사를 표현하려고 수없이 반복연습을 했고, 그리고 가능한 질문에 대해서 답을 기록한 카드 뭉치를 만들고 면접시험장까지 들고 갔다. 준비한 내용을 잊으면, 보고 웅변이라도 할 셈이었다.

그렇게 세심한 준비에도 불구하고 봉쥬르 무슈 Bonjour Monsieur 하면서 면접관과 눈이 마주치자, 뭐라고 하는데 무슨 말인지 모르겠고 입이 딱 붙어 버렸다. 순간적으로 이렇게 난감할 수가 있는가 하는 생각이 들었다. 후속적으로 이런 저런 말이 연속적으로 나왔으나 들리지 않았다. 소신껏 정리한 내용을 읽으려 하자, 그는 손을 내밀어 카드뭉치를 내놓으라고 한다. 카드를 이리 저리 한참

읽어 보더니 나가라고 한다. 허탈한 생각이 들었다. 그 당시 이공계에서 프랑스어를 공부한 사람은 거의 없어 보였다.

어떻든 선발이 되었다. 그러나 언제 어떻게 유학을 가는지, 어디로 떠나는지, 어느 대학인지 연구소인지 조차도 전혀 알 길이 없었고, 공부해야하는 내용이 무엇인지 커리큘럼에 대해서는 더더욱 아는 바가 없었다.

이러한 속에서 나는 찬란한 꿈을 꾸며 첫 걸음마를 내딛고 있었다. 지금 돌아보니 기가 막히고 황당한 일들을 몸으로 피부로 감내하던 과정이었다. 멀쩡하게 눈을 뜨고 장님 노릇을 했고, 뚜렷한 음성을 들으면서 귀머거리 노릇을 했다. 또한 멀쩡한 사지를 가지고 제대로 사용할 줄을 모르는 등신 노릇을 했다.

우선 프랑스로 가는 일거일동이 생소하였고 절차마다 새롭지 않을 수 없었다. 이러한 과정에서 노출된 무식의 난감함은 하나 둘이 아니어서 지금 돌아보니 실소를 금할 수 없다. 다음은 기내에서 있었던 일이다.

서울에서 동경까지는 대한항공을 타고 갔다. 동경의 나리타 공항에서 6시간이나 기다리는 데는 지루함이 전신을 짓누르고 있었다. 엉성한 몰골에 허약한 외모로 비실거리며 면세점을 어정거리는 꼴이 어쩌면 난민 비슷하게 보였을 것이다. 게다가 유학생활에 필요하다는 갖가지 잡동사니를 챙겨 가지고 출국을 하였으니 부피도 크고 무겁기도 하고 소용없는 것들을 애써 가져가는 꼴이었다. 따라서 메고 들고 다니는 짐도 꽤 되었다.

날이 저문 다음에 에어 프랑스를 탑승하게 되었는데 탑승 안내가 있자 사람들이 줄줄이 일어나서 장사진을 이루었다. 나는 워낙 오래 기다렸기 때문에 비교적 앞줄에 서서 일찍 타게 되었는데 스튜어디스가 표를 보더니 당신은 이리 나오라고 못 타게 끌어낸다. 이상스러웠고 뭐라고 항의성 말을 했으나 먹혀들지가 않았다. 잠시 후에 사람들이 없는 옆줄에 가서 서라고 한다. 무슨 인종 차별 같은 느낌을 받았다.

어쩔 수 없이 미끈한 프랑스 여성인 스튜어디스의 안내에 따라서 탑승을 하는데 짐을 들어주고 근사한 자리에 안내를 해서 앉혀주다시피 한다. 비행기를 타는 것도 처음이요 그렇게 끌려가서 좌석에 앉는 것도 처음인데 대우가 융숭하기만 했다. 생전 처음 탑승을 한 것이라 비행기 안에서 무엇을 어떻게 하는지 전혀 몰랐다.

좌석 앞에 멍청하게 서서 두리번거리고 있자, 스튜어디스는 와서 외투를 벗겨주고 뭐라고 하는데 알아들을 수가 없었다. 영어도 모르고 프랑스어도 모르고 심지어는 일본어까지 했다. 한심하게 눈만 멍청하게 뜨고 있는 셈이었다. 친절한 스튜어디스는 난민 보따리 같은 짐을 좌석위에 넣어주고 외투는 옷걸이에 걸어서 가져가고 실내화를 주고 안대를 주고 생수를 가져다주고 양주를 가져다주면서 식사를 가져왔다. 처음 대하는 식사이지만 참으로 수려했다.

누구나 이런 대접을 받는가 하는 의아한 생각이 들었고 참 비행기타니까 좋구나 하는 생각이 들었다. 식사 중에는 정중히 포도주를 따라 주기도 하고 커피를 따라주었다. 그리고 나서는 휴식을 하라고 커튼까지 내려주었다. 아무튼 별천지의 전혀 보지도 듣지도 만져보지도 못한 새로운 일들의 연속이었다. 실제로 나는 감기를 앓으면서 도불을 하고 있는 중이어서 입에 익숙하지 않은 음식을 먹는 시늉만 했다. 황당하기 이를 데 없는 신기한 세상이었다.

일본의 나리타 공항에서 이륙한 비행기는 대여섯 시간 비행을 하고 나서 알래스카의 앙칼리지 공항에 일시 착륙하여 급유를 하는 모양이었다. 승객을 공항 면세점에 한 두 시간 풀어 놓는다. 모든 승객은 기내에서 내려 면세점으로 흘러 들어갔고 나도 그 흐름에 딸려 들어가서 이것저것 구경을 하게 되었다.

이곳은 마치 촌뜨기가 서울 구경을 나온 것과 다름이 없었다. 그러나 나에게는 뭘 보아도 눈에 들어오는 것이 없었고 관심이 없었다. 더욱이 피로감 속에서 미지의 세계로 여행을 하는 것이어서 대단히 긴장해 있었던 것이다. 그뿐만 아니라 돈도 없고 친구도 없고 도무지 말 상대가 없는 무원고립의 상황이었다. 그렇다고 아주 기가 석여 숨도 못쉬는 상황은 아니었다.

그저 면세점 상가를 오락가락하다가 눈에 들어오는 한 곳이 있었다. 흰 가운을 입고 우동을 파는 일본인의 우동 가게였다. 구수한 냄새가 구미를 돋우고 있었다. 그 냄새는 콧속으로 깊숙하게 들어 왔다. 하루 종일 기내에서, 공항에서 시달렸기에 익숙한 냄새일 수밖에 없었다. 그런데 가격을 보니 상당히 비싸서 달랑 몇 잎 있는 달러를 내고 먹을 엄두가 나지 않았다.

다시 비행기에 탑승을 하고 비행을 하는데 밖으로 보이는 설경과 운해의 경치는 떠오르는 태양과 함께 참으로 놀라울 정도로 찬란하고 경이롭기만 했다. 세상에 이런 별천지의 세계가 어떻게 펼쳐질 수 있을까 하는 생각이 들었다. 이것은 다름 아닌 북극 지방의 백설과 빙하의 천지였다. 그 위로 펼쳐지는 흰 뭉게구름의 구름층은 이루 표현할 수 없는 환상적인 경관이었다. 뿐만 아니라 비행기가 그 속으로 들어갔다 나갔다 하는 것이 마치 무슨 요술의 세계

같기도 했다.

그런가 하면 비행기는 뭉게뭉게 피어오르는 흰구름의 운해 속을 날기도 했으며, 겹겹 첩첩 쌓인 습곡 같기도 한 천태만상의 구름층에서 기어가듯 씩씩거리는 모양이었다. 변화무쌍한 조화의 세상이 아닐 수 없었다. 또는 만발한 목화의 밭이 무한히 펼쳐지는 것 같기도 하였다.

그 이후로도 이 북극 항로를 십여 차례나 넘나들었지만 이와 같은 감동은 한 번도 느껴 보지 못했다. 심지어는 최근의 북극 항로에서 보이는 경관에는 백설이나 빙하가 녹아서 고산 준령의 계곡들을 이루고 있어서 마치 늑골같이 앙상하기만 하다. 지구의 온난화 현상이 이렇게도 엄청난 변화를 가져오는 것인가 생각하게 한다.

객고客苦

광복光復과 전쟁戰爭.
무인지경 같은
쑥대밭 속에서 자라더니
뱃가죽이 등에 붙도록
허기가 지고
툭하면 굶어 죽었다는 상여가 나갔다.

마을 사람들의 한숨 소리는
화살이 되어
어린 가슴에 박히고
그런 후에는
달팽이처럼이나 웅크러진
가슴을 안고
공부를 한다고
허우적거렸다.

어쩌다 나간 세상 구경
이리저리 이십 여 년의 타향살이

객고의 고달픔 가실 날이 없다.

오십 고개 넘도록
뭘 한다더니
가랑잎에 써 놓은 듯
바람만 불어도 흔적이 없겠다.

찾아보기

가

가창오리 떼 144
갈조류 107
감태 49, 113, 114, 118
공도 정책 131
광투과층 148
광합성 색소량 29
국제사법재판소 120
군도 142
군위안소 173
규산염 92, 103
규조류 93
극상 85, 113, 139
극지방 71

나

나카이 126
난류 47, 48, 157, 168, 183
남조류 93, 107
냉수대 67
냉수역 67
노량해전 43, 132
녹조류 107

다

다케시마 39, 40, 170
대나무 118
대륙붕 147
대마도 73
대화퇴 168
대화퇴어장 106, 157
대황 49, 113, 114
독도수비대 74
동도 62, 160
동물 플랑크톤 95, 104
동중국해 96
드리우 97

라

라이트 형제 41
러·일 전쟁 188
리만 한류 125, 183
리만 해류 47
리아스식 연안 157
리앙쿠르 36
리앙쿠르 록스 36

마

마크로시스티스 118
만주사변 173
망상어 157, 174
먹이 사슬 29, 95
메기 175
모리타니 144
모성본능 157
모자반 115, 119
무광선 수층 148
무광선 층 156
물꽃 31, 93, 103, 161, 163
물덩이 78
물리적 화학적 성격 61
미국지명위원회 35
미세조류 103
미지정 35
밀도 29, 47, 61, 79

바

바다 트럼펫 114
북태평양 96
브레더 켈프 118
블루콘 현상 48, 49, 91, 103, 104

사

사르가소 해　119
사해　77
샌프란시스코 협약　73
생체량　95, 148
생체에너지　94
생활환　97, 118
서도　62
성노예　173
성어　175
세스톤　61
센카쿠 열도　96, 119, 120
센카쿠 제도　72
수괴　62
수문학　61
수산자원　65
수소이온농도　29, 61, 62
수온　29, 47, 61, 62, 71
수온약층대　65, 67
수정관　174
수정란　174
수직분포　69, 79
수직적 분포　63
수평분포　69
스플리트팬 켈프　118
시네마현　170
시베리아　71
식물 플랑크톤　29, 31, 93, 94, 95, 103, 161
식생　125, 126
실험정점　67
심층해수　69
심해　155, 161
심해상어　156

아

아귀　175
아데만　117
아질산염　103

알긴산 118
알래스카 71
약층대 65, 81
어군 162
어류 148, 157, 175
어업협정 98
어유 48
어장 29
에땅 드 베르 49
에토로프 섬 72
역전 현상 79
염도 29, 47, 61, 62, 71, 78, 79
염분 77
영양염류 93, 95, 161
오키나와 120
오호츠크 해 167
온수대 67
와류 103, 104
외해 65
용승작용 31, 49
용승현상 49, 91, 103, 104, 118
용존산소량 47, 61, 62, 71
용출현상 163
우뭇가사리 97
우점종 139
원양성 80
위안부 172
위안소 173
유구왕국 120
을사늑약 188
을사오적 188
이산화탄소 71
이순신 132
이질산염 92
이화학적 성격 61
인산염 92, 93, 94, 95, 103
일조량 29
임진왜란 132

자

저서동물 104
저서생물 106
저층수 79
전기뱀장어 156
정신대 172
정어리 48
제암리 144
조경수역 47
종군위안부 173
죽도 39
증발량 29
지구 온난화 현상 71
지부티 117
지질 유적지 153
질산염 92, 103

차

참나무 114
천연가스 71
천연기념물 107
청정수역 107
청정에너지 71
청정해역 69
체외수정 158
치패 106

카

카라게난 97, 118
쿠로시오 난류 103, 125
쿠로시오 해류 47, 79, 117

타

타이티 섬 117
태평양전쟁 173

파

평화선 73
표층수 64, 79
풍화작용 160

하

하이드레이트 72
한려수도 43
한류 47, 48, 157, 167
한일어업협정 74, 171
해령 49, 155, 157
해산 49, 155
해양주권 73
해조류 139
해중림 107, 118, 157
해중산 103
해황 126
홍도 142
홍순칠 74
홍조류 107
홍해 117
황금어장 91, 168

독도 바다자연과 지리적 중요성

2016년 1월 10일 초판발행
2016년 4월 10일 초판 2쇄발행

지 은 이 김기태
펴 낸 이 홍정수
펴 낸 곳 탐구당
등 록 1950. 11. 1 서울 제03-00993호
주 소 서울특별시 용산구 한강대로62 나길 6
대표전화 02-3785-2211
팩시밀리 02-3785-2272
홈페이지 www.tamgudang.co.kr
전자우편 tamgudang@paran.com

값 15,000원

ISBN 978-89-6499-027-8

이 도서의 국립중앙도서관 출판예정도서목록(CIP)은 서지정보유통지원시스템 홈페이지(http://seoji.nl.go.kr)와 국가자료공동목록시스템(http://www.nl.go.kr/kolisnet)에서 이용하실 수 있습니다.(CIP제어번호 : CIP2015036154)